DIZHEN ZHISHI DUBEN

地震知识读本

[日] 神沼克伊 编著

陆红娟 译

朱传镇 校译

苏州大学出版社
Soochow University Press

图书在版编目(CIP)数据

地震知识读本/[日]神沼克伊编著;陆红娟译.—苏州:苏州大学出版社,2009.4(2012.11 重印)
ISBN 978-7-81137-234-2

Ⅰ.地… Ⅱ.①神…②陆… Ⅲ.地震-普及读物
Ⅳ.P315-49

中国版本图书馆 CIP 数据核字(2009)第 061225 号

地震知识读本
[日]神沼克伊 编著
陆红娟 译
朱传镇 校译
责任编辑 肖生华

苏州大学出版社出版发行
(地址:苏州市十梓街 1 号 邮编:215006)
丹阳市兴华印刷厂印装
(地址:丹阳市胡桥镇 邮编:212313)

开本 850mm×1 168mm 1/32 印张 3.125 字数 62 千
2009 年 4 月第 1 版 2012 年 11 月第 7 次印刷
ISBN 978-7-81137-234-2 定价:8.00 元

苏州大学版图书若有印装错误,本社负责调换
苏州大学出版社营销部 电话:0512-65225020
苏州大学出版社网址 http://www.sudapress.com

序

2008年5月12日汶川8.0级地震的发生，不仅对当今中国地震预报研究提出了新的挑战，同时也是对30多年来防震减灾科学认识和科技水平的一次全面的“实战”检验。严酷的现实再次告诫我们，目前人类对地震发生规律的认识还十分肤浅，离实现科学预报地震的目标仍相当遥远。成功的地震预报固然可以大大地减少人员的伤亡，但难以避免大量的财产损失和次生灾害的发生。因此，在现阶段为有效减轻地震灾害，最大限度地减少人员伤亡和财产损失，需要在震灾防御、监测预报、紧急救援和灾后重建方面做到统筹兼顾。

神沼克伊教授是日本著名地震学家，也是日本极地地震观测和研究的开拓者。他曾多次造访中国，与我国同行开展多方面的学术交流和合作研究。出自对中国人民的友好感情和作为一位地震学者的责任心，面对惨重的灾难，就在汶川地震后不久，神沼克伊教授即着手撰写本书，全书侧重从防震减灾实用的角度，对日本社会的地震对策、城市抗震设防、地震预报研究现状和进展、国民防震减灾教育以及日本民众面对地震灾害在日常生活中采用的防备措施等方面做了系统的介绍，同时结合对中国地震灾害的研究，有针对性地提出了在预报、防备、救援等方面的对策，以期能对今后中国的抗震减灾工作有所裨益，实属难能可贵。

中国和日本都是地震多发国家，也是历史上地震罹难人员最多的两个国家，虽然两国国情不尽相同，社会、经济和科技发展水平亦有差异，但他山之石，可以攻玉，日本在抗震减灾工作上的许多卓有成效的做法及获得的经验，很值得我们借鉴。我相信本书的翻译和出版，将对我国抗震减灾事业的发展起到积极的作用，并有助于增进中日两国人民的友好情谊。

朱传镇　教授

中国地震局地球物理研究所

2009 年 2 月 28 日

目录

地震科学小常识

小知识

后记

地震对策的必要性

地震难以避免

地球上每天发生的大大小小的地震有几千次，但不是平均分布于地球各处，而是集中在某些地区。太平洋周围经常发生地震，叫做“环太平洋地震带”。位于亚欧板块与太平洋板块交界处的日本列岛是全球地震最频发国家之一，全球约 10% 的地震发生在此。中国台湾也处在环太平洋地震带上，经常会发生里氏 7 级以上的大地震。

中国大陆发生的地震虽然没有日本列岛那么多，但也是有代表性的地震多发地带。尤其从东部的华北地区到东北地区、西部的云南省、四川省、甘肃省等地平均每几年就要发生一次里氏 7 级的大地震。

往往一次大地震后会续发很多次的余震。自 2008 年 5 月 12 日四川大地震（里氏 8.0 级）发生后，三个月内共发生了 2 万多次余震。其中，四川省附近每天发生 200 多次余震。除了这些余震，地球上每天还要发生几千次地震。其中，大部分是 3 级以下的小地震，我们人体感觉不到，而 3 级以上的地震人们才可以感觉出来。其中，3 ~ 5

级地震以每天数次的频率发生在地球的某些地方，但它们一般不会造成灾害。真正有可能造成灾害的是里氏6级以上的地震，平均每年发生几次。

图1　四川汶川大地震后的北川县城

图2　四川汶川大地震后的北川县城一角

全球的地震分布很不均匀，环太平洋地震带上发生的地震约占全球地震的50%，但像太平洋和南极大陆等很多地区又几乎没有地震。地球上几乎不发生地震的地区是地震易发区面积的好几倍。

因此，平均下来，破坏性地震是几年一次，甚至概率更小，但对于发生大地震的中国和平均一年就要发生一次7级以上大地震的日本来说，生长在地震灾区的人们是非常"不走运"的，他们一出生就背负着遭受自然灾害的命运。

日本和中国都是地震多发国家，两国人民都深受其害。但是，只要生活在这片土地上，就要做好抗震的准备。

遗憾的是，凭借现有的地震学知识，人类还不能阻止地震的发生。地震作为大自然的一种现象，是人类力量所无法驾驭的。所以，我们人类，尤其中日两国人民，必须经常思考如何应对地震这一问题。

大地震的发生和地震灾害没有必然联系

人们之所以害怕地震，是因为地震会造成巨大的灾害。对于那些不造成灾害的小地震，虽然人们会觉得身体不适，但绝不会产生恐惧。让人害怕的只是那些导致大灾害的地震。但是，大地震是不是一定会产生灾害呢？

由地震而造成的毁损和灾害统称为"震灾"。震灾的大小并不一定和地震的大小成正比。这可以用近几年在日本发生的几次地震作说明。

1995 年 1 月，日本发生了震级为 7.3 级的“兵库县南部地震”，以国际化都市神户为中心的灾区，共计 6433 人遇难，3 人失踪，全毁房屋 10 万多栋，半毁房屋 14 万多栋，全烧和部分被烧房屋 6000 多栋。因造成的灾害巨大，所以此次地震又被称为“阪神 · 淡路大地震”。

神户市是 1000 年前通过填海造地建起来的城市，因地基松软，上面的木结构老房子经受不住震时的剧烈摇晃都纷纷倒塌，很多人被压死在里面。7.3 级的地震在日本的所有地震中并不是最大的，但导致 6000 多人遇难的灾害在日本震灾史上是很罕见的。

与此相对，2000 年 10 月发生的震级为 7.3 级的“鸟取县西部地震”，虽然和兵库县南部地震一样发生在日本列岛的内陆地区，但没有人在地震中遇难，全毁房屋只有 435 栋，半毁房屋 3102 栋，地震也没有引发火灾。鸟取县虽然在日本属于人口稀少区，但同样大小的地震，为什么会有 6000 多人遇难和无人员伤亡的巨大差异呢?

震时的晃动因地下构造会产生很大的差异。填埋海岸、湖沼、池塘、田野等土地的地基相对松软，地震时晃动剧烈，产生的灾害就会变大。与此相对，在坚实的岩石地区，晃动小，很难引发灾害。

神户市及周边地区，地基松软，加上建在上面的木结构房屋很多都已老化，抗震性差，所以房屋容易倒塌，人被压在里面，才导致很多人遇难。和神户市不同，鸟取县西部震源附近地区不是人口密集区，而且大部分的房屋都建在坚硬的地基上，所以房屋倒塌现象很少。地震灾害的大小和房屋倒塌的多少密切相关。在神户市内很多相邻的两栋房屋，一栋完全损毁，另一栋却完好无损。这就表明我们可以造出抗震性好的房屋。“住在耐震的房屋里”，是减少震灾的一个重要对策。

2008 年 7 月 24 日上午，日本岩手县沿岸发生了震级为 6.8 级的地震，震源附近一些悬崖崩塌。在日本所有造成灾害的地震中，这算是一次小地震，但也出现了伤亡。距离震源 300 公里的一家医院里，有一名患者在慌乱中从床上摔下来，头部着地，几天后不治身亡。6.8 级的地震居然也有人丢了性命。

日本很多医院的建筑在建造时都特别注重房屋的抗震性，遇上大震时房屋可能局部被震坏，但一定不会被震塌的。去世的那位患者如果有这一常识，在地震来临时冷静处理的话就不会丧命了。像这样，房屋没有发生毁损或坍塌，但因为惊慌行动，而导致死亡的例子时有发生。

2008 年 6 月 14 日发生的“岩手·宫城内陆地震”（里氏 7.2 级）几乎没有造成房屋毁损，所以没有人员被压死。但是，由于山体滑坡和悬崖塌方而造成 20 余人遇难。其中，有一个人因为跑出房间，慌乱中被卡车撞死了。在其他地震中，有的因慌忙跑出房间，被掉下来的混凝土块压死的，有的从二楼滚下来头着地摔死的，也有跑出去时被墙砸到头部而死的。其实，这些人的房子都好好的，就是因为慌忙中乱了手脚，要是呆在屋子里不动，就不会丧命了。其实，不管是上面的哪个例子，只要他们头脑中有这样一个常识就不会引发悲剧了，那就是清楚自家房子的耐震能力，或者是知道 30 年内的房子遇上地震最多会有点小损坏，不会塌，完全不用担心被压死。

事实证明，发生大地震时不一定会引发大震灾。通过预测未来地震的灾害程度，对建筑物进行抗震设防和加固；通过整修公路和铁路，对城市进行地震设防，提高城市的综合抗震力；通过科普宣传，使人人都有抗震防灾意识，在大地震来袭时，能冷静处理，这样就能减少震灾损失。

大地震和大震灾没有必然的联系。地震是自然现象，其发生难以避免。但是，通过人类的努力，可以最大限度地减轻地震灾害所造成的损失。

地震预测不能防止震灾

日本人都深知依靠现阶段的科学水平，地震还无法预报。但在中国，情况有所不同，有时地震引发震灾，电视和报纸上就开始指责地震科学工作者为什么不预报。当然，只要对地震有科学认识的人都知道，依靠目前的科学水平还无法对地震进行预报。

在日本所谓的“地震预报”，就是在地震发生的前 1~2 天，发布类似于“明天，东京会发生 7 级左右的地震”等预测信息。但是，如果这样的预测真的实现了，那又能怎样呢?

在预测地震发生的时刻,暂停所有的交通运输,把人们都安置到安全的避难场所,尽可能将人员伤亡降到最低,这确实很重要。但是,据初步估算,就算预报成功,经济损失也只能减少10%。

2004年10月,日本发生了"中越地震"(里氏7.1级)。在震源区有一个叫山古志村的小村庄。这个村因锦鲤养殖和斗牛而出名。地震发生后,村里多处山体坍塌,悬崖崩裂,房屋大部分被损毁,人们一时无处可居。由于山崩崖裂,通往外面的唯一一条道路也被切断了,村子和外界失去了联系。山体坍塌阻塞了村里的河道,形成了地震湖,淹没了很多房屋。养殖锦鲤的池塘发生龟裂,水都流了出来,很多锦鲤死掉了,剩下的锦鲤被转移到没有受灾的池塘里去了。村民和斗牛用的牛只能靠直升机进行解救。

这样,整个村庄几乎都被毁掉了。如果在地震发生前一天成功预测的话,情况会怎样呢?虽然地震被预测了,也没有时间在可能会发生山崩和崖裂的地方架防护栏,事先没有充分的调查,也无法预测到底会在哪里发生坍塌。因为没有时间,也不可能对养殖锦鲤的池塘进行加固。能做的事就是把村民都转移到安全的地方,这样就不会因房屋倒塌而使人员伤亡。

所以,就算准确预报地震,地震灾害也还是会发生的。理解这一点很重要。

实施与地震预报无关的对策

不管实行不实行预报，地震都会发生。如果预报成功的话，可以利用地震发生前的短暂时间，把人员转移到安全的地方进行避难，暂停交通运输，这些都是有利的方面。但是，没有时间对不耐震的房屋进行修补，房屋还是会发生损毁、倒塌，山体崩塌、悬崖塌陷还是要发生，甚至还会引起地形变。在这种情况下，就算预测成功，只要发生大的地震，还是会引起大的灾害。所以，就算地震可以预测，我们还是需要从日常生活做起，加强应对措施。

比起中国大陆，即使在地震更为频繁的日本，人们一辈子可能也就遇上一次能摧毁房屋的大地震吧。听到各地发生地震的消息，有时感受到小地震的摇晃，就会产生错觉，总觉得大地震就要来了。事实上，很少有人真正经历过能把耐抗性很强的房屋摧毁的大地震（日本烈度表6度以上的地震）。

例如，一直担心日本的首都东京会发生直下型地震，但自1923年9月1日发生关东地震（又叫关东大震灾）以来，就再也没有发生过这样的地震了。现在日本人的平均寿命为80岁左右，1923年以后出生并成长在东京的人，就还没体验过大地震的摇晃。其实，很多人一辈子都不会经历大地震的。

我想这种情况在中国就更多了。很多中国人应该一辈子都没有经历过地震吧。虽然知道地震这一现象,但因为没有真正经历过,所以难怪他们认为在地震预报后再采取对策比较好了。但是,地震预测后再对地震采取对策就晚了。就算生命得到了挽救,但财产的损失就无法避免了。

不管有没有地震预测,地震对策都是必须的。采取务实的态度,实施有效的措施,把地震的知识和经验一代代地传下去,那么,就算遇到大地震,大家也都不会恐慌了。

地震对策的两大要点

预防震灾靠个人的力量是有限的。个人和自治体(相当于政府部门、居委会等)应该共同努力。

第一大要点是"建设抗震力强的城市"。这是政府部门的工作。

在城市建设时,要进行城市地震设防规划,提高城市的抗震力。当大地震发生时,人民的生命和财产安全能得到保障是最重要的一点。建造抗震力强的城市靠个人的力量是远远不够的。应由政府部门带头,制订防震减灾计划,一步一步提高城市的抗震力。

具体来说,首先要考虑当地的地势。如果是山地,就要考虑地震发生时是否会出现山崩和崖裂,如果有可能出现，就必须采取相应的对策。如果有些地区会发生大规模的山体坍塌现象，那道路就会被割断，阻塞交通，那么就要事先挖好地道。

不管是山区还是平原，河流治理都是很重要的一环。桥和河堤都要坚实，不易被地震震坏。尽管大桥在建立之初抗震性很好，但时间长了就会老化，所以要经常养护，保持大桥的抗震性。

如果不幸，真的发生了大地震，首要的就是确保人民的生命安全和保障其基本生活。为此，各地政府大楼的抗震力必须要好。当地震发生后，如果政府大楼还在，就能稳住人心，也只有这样，才能顺利实施震后的救援工作和减灾计划。

第二大要点是个人要掌握正确的地震知识。

个人对策首要的就是掌握正确的地震知识。不要只想着地震的可怕，而要想遇上大地震的概率到底有多少，我们自身应该怎样应对。

中国的砖结构房屋没有日本的木结构房屋耐震。但是，在砖结构里添加钢筋等材料，就可以提高房屋的耐震度。大地震时，墙壁出现裂缝，房顶的砖瓦掉落，多多少少会造成这样那样的损坏，但房屋一定不会全塌。这是个人能做到的地震对策。砖结构房屋比木结构房屋耐住。所以，提高房屋的抗震力，也是为子孙后代造福。在地震一定会发生的地方，住在抗震性好的房子里，并维护好房屋的抗震性是非常重要的。

地震预报

什么是地震预报

地震预报并不是像"明天日本会发生地震"或"明天中国台湾会发生地震"之类含糊的预报。因为在日本和中国台湾包括人体感觉不到的小地震在内,每天都会发生成百上千次的地震,这种含糊的预测几乎是百分之百正确。而且不会造成灾难和损失的小地震就算是预测到了,也没有任何用处。真正要预测的是会造成灾害的地震,那些会造成较大范围内很多建筑物倒塌的大地震以及在较小范围内有可能造成房屋损坏的地震。简言之,就是要预测未来的大地震。

预报时,诸如在日本、中国台湾之类的说法,因指定的范围太大而不切实际。实际上几乎没有哪次地震可以对整个台湾造成破坏,所以人们想知道的是具体到台湾北部、台湾中部、台湾南部这样的预报。而在比中国台湾再大一些的日本,若是不指定到面积在 50 公里和 100 公里范围的话,在一些不会感觉到震感的地方,那里的人们以为要发生大地震,而引起不必要的混乱。还有预报时若用"明天"这样的说法,还不如在发生地震前 1 ~ 2 天将地震

“发生”的消息发出去，因为这样可以让人们有更多的时间来准备和应对即将来临的地震。

像上面这样的地震预报，必须明确地震的大小、时间、位置这三大要素。在日本，人们一般期待包含下面三大要素的地震预报。

地震的大小：会造成巨大灾害，震级在7级以上

发布时间：几天前（1~3天前）

震中位置：以县为单位（数十公里范围之内）

地震的大小、时间、位置被称为地震预报的三要素。要是不能明确这三大要素，就不能叫做地震预报。而且，如果不对这三个要素加以适当限定，预测的结果对接下来的防震减灾就几乎没有什么价值。

中国的地震预报

1966年，中国河北省发生了震级为7.2级的邢台地震，导致8000多人遇难。（日本·理科年表）这次地震使邢台市及周边地区受灾严重。当时在灾区慰问的周恩来总理指出，要把预防地震作为国家的一项重点工作来抓，从此启动了中国的地震预报研究工作。

地震预报研究在周恩来总理的指导下，地震专家和全国人民齐心协力共同展开，在使用现代科学观测方法的同时，还收集古代和地震相关的资料，使用民间的简易观测

方法等，一时间积累了大量的地震信息。

对地震活动进行调查是地震预报研究的基础之一。为此，在很多地区设置地震仪，建立地震观测台网。在观测地震活动的同时还进行地壳形变观测，测量地面的倾斜和收缩。在各观测点通过对地震活动和地壳运动的连续观察，不仅让我们知道了地下发生的变化，还记录到了各种宝贵的数据。

除了日常的定点观测，还进行各种野外考察。比如考察什么地方有断层，这一断层在过去发生了多大的位移等。为了解地下构造还进行人工地震和地磁测量等。通过古书，可以了解历史上在何处发生过哪些地震，即调查过去的地震活动。

根据至1973年为止收集到的数据和进行的分析，以及参考野外考察的各种结果，专家们发现从辽宁省到辽东半岛有可能会发生地震。而且在大地震发生概率高的地区，还开展了进一步的观测，并让当地百姓积极参与，努力检测地震的各种征兆。

这一时期，1970年云南省发生了震级为7.8级的通海地震，使15600人遇难。1973年四川省发生了震级为7.6级的炉霍地震，使2000余人遇难。1974年云南省又发生了震级为7.1级的昭通地震，导致1500人遇难，另一说法是导致2万人遇难。至此，云南省和四川省被定为大地震高发区，相关部门对两地区开展了更加严密的观测。

成功的地震预报

在对大地震预测的同时，1974 年 12 月，中国东北三省的一些地方上报了许多异常的信息。于是，观测的重点又转到了确定强震的发生时间上。

1975 年 2 月 4 日早晨，根据各种资料作出了“海城 · 营口地区有可能发生比较大的地震”的短临预报。预报发出后，当地居民就开始搭建避难用的小房子，并就地震时怎样逃生进行准备和演练。在发出预报的同时，当地政府就指示各地居民要做好避难工作。但是，由于当地从没发生过地震，所以有些老人不相信有地震，拒绝避难，有些人白天虽然跟着大家去避难，但到了晚上就跑回自己家里去了。

但是，2 月 4 日 19 点 36 分，果然发生了 7.3 级的大地震。这次地震被命名为“海城地震”，在地震史上是首次被成功预报的地震，在海内外引起了轰动。因为短临预报的成功，海城地震中遇难人数仅为 1328 人，和相同规模的其他地震相比，死亡人数是极少的一次。当然，无视忠告，没有去避难的老人们都丢了性命。

与华北、东北地区同时，20 世纪 70 年代以来，云南省也开展了地震研究。1976 年 5 月 29 日 20 点 23 分和 22 点整龙陵县相继发生了 7.5 级和 7.6 级强震。由于地震发生在山区，尽管有短临预报，有些地方还是没能及时得到消息。但是，多亏了之前的地震科普知识宣传和在强震前25分钟时发生的前震，很多人都做了防备，保住了生命。这两次地震导致大面积地区出现山崩、断崖和地裂等地形变化，42万多栋房屋被毁。幸运的是人员伤亡很少。（日本出版的资料显示，两次地震导致的死亡人数不明。）

1976年，中国西部地区频繁发生大地震。四川省在8月16日、22日、23日相继发生了7.2级、6.7级和7.2级地震，被叫做松潘·平武地震。当年11月7日，在云南与四川交界处又发生了震级为6.9级的盐源·宁蒗地震。

在这些地震发生前，都已经预测到了地震发生的可能，所以民众都有了一定的防震抗灾准备，短临警报发出后，没有引起恐慌，进行了紧张而有序的避难。这一连串预报的成功是地震工作上的一大成果。

由于预报及时，很多人保住了生命，对于灾区的民众来说这是不幸中的大幸了。不能阻止地震的发生虽然是一种不幸，但通过警报和预报，维护了人民的生命安全，这就是大幸。

日本学到的中国的地震预报

第二次世界大战后，中日两国一直处于战时状态，直到1972年才恢复邦交。两国在很多领域都展开了交流，地震学者的交流也于1974年7月正式开始。中国的地震事业是由参加交流会的京都大学教授尾池和夫首次介绍到日本的。他的著作《中国的地震预测》使很多人开始接触和了解了中国的地震研究状况。那本书让我受益匪浅，我从中吸取了很多知识,才开始着手写这本书。

该书描述了海城地震成功预报的经过,使很多日本地震研究者大为震惊。日本的地震研究要早于中国,却被中国甩在了后面。

1964年3月,日美两国在日本举行了“第一届日美地震预测研讨会”。对日本地震预测计划比较了解的美国专家发出感叹说:“美国政府不太重视地震预测了,和日本不同,在美国申请研究经费很困难。”但是美国代表团回国不久,3月27日就发生了阿拉斯加大地震(M9.2)。这是史上屈指可数的超级地震。阿拉斯加州在美国属于人口稀少地区,所以只有131人死亡,但是石油输送管道的破裂等导致美国经济损失惨重。据说,美国政府至此才开始投入巨资进行地震预测。

日本也于1965年正式开始地震预测研究,但从来没有想过能实现短临预报。

和中国相比,日本的国土面积是很小的。查看历史文献对地震的记载,就可以大致了解地震的分布区域。中国对地震的预报一般是长期的,也就是预测“在什么地方有可能会发生地震”,国土狭小的日本对这样的预报完全可以做到更加精确,但对于发生的时间却始终无法预测,像中国的短临预报,1975年时自然不必说,就是现在日本也无法测出来。

海城地震的成功预报，虽然给日本的地震工作者们带来了勇气和信心，但也让他们产生了一种错觉，误以为地震预测是件很简单的事。

日本对地震的预测主要采用地球物理学的方法，如地震观测、土地伸缩、倾斜的地形变观测和重力、地磁的观测等。鉴于中国通过观测温泉和地球内部氡来预测地震，日本在地震预测研究上，开始使用地球化学方法。

让日本人吃惊的是井水水位的变化是中国做短临预报的一大依据。据报道，在日本除了地震专家，很多农民都把绳子做成简易卷尺，对自家院子里井水的水位进行观测。而且，据观测发现，平日里同一地区各口井的水位增减是不规律的，但在地震前所有井的水位都会上升。这一报道让很多日本人大为震惊，都竞相模仿。很多人觉得如果通过测量水位这一简单的办法就可以预测地震的话，那自己也不妨试试。于是很多有井的日本家庭都开始测起井里的水位来。

某一地方研究所甚至专门招了一个志愿者，负责测量和记录每天井水的水位。作为地震前兆，只要水位发生一点点微小的变化，就推测附近发生了地震，负责观测的工作人员受到当地人的好评。对水位的观测可以作为防震常识宣传给民众，但如果光靠水位的变化就可以预测出大地震的话，地震现象未免也太简单了些。

在中国，测量井水水位只是地震观测的一个方法，但传到日本，好像被误解为只要通过测量水位就可以预测地震了。我并不认为这种现象是好事，自己一直都在从事地震方面的研究，所以不能对这一现象坐视不管。

当时，在神奈川县川崎市，出现井水突然减少的现象，很多人都怀疑这是不是大地震来临的预兆。日本从20世纪70年代起，就有多位地震工作者预言距离川崎市100～200公里的太平洋沿岸会发生东海大地震，这一预测和川崎市水位突然下降的现象结合在一起，使很多人都担心首都圈会发生大地震。

川崎市是日本的重要工业区，日常用水都来自地下。这次的水位突降是由于地下水被抽干造成的，这一解释终于稳住了人心。从此，民间测定井水水位的热情逐渐下降，现在几乎没有人再用这个办法了。

日本的地震研究人员也在时刻关注地下水位的变化。东京大学地震研究所在当时以及关东地震发生后50年内都一直没有停止过对东大校园里一口观测井的观测。东京中部地区的一口井，水位每年都在缓慢下降。地下水位在持续雨天的时候就会上升，持续晴天的时候就会下降。但是，现在人们知道东京除了自然现象会引起水位增减外，地下水被抽干等人为因素也会造成水位的持续下降。

日本国土狭小，到处都可能会出现地下水被抽干的人为现象，所以很难确定井水水位的变化就是地震的前兆。当然，如果地震前兆的水位变化比人为因素造成的水位变化来得明显，那我们还可以作出判断，但事实上两者的区别甚小，很难辨别。中国对地下水的利用还没有达到日本的程度，抽水量比较小，所以可以把水位的变化作为地震的一个前兆。

井水水位的测量一方面给日本带来了地震预测的希望,另一方面也证明了地震预测没有想象中的那么简单。

预测受挫

由于海城地震和龙陵地震的成功预报,中国许多专家和民众一度都认为地震是可以被预测的。事实上,大自然的现象并非那么简单。龙陵地震两个月后,中国人再次领教了大地震的可怕威力。

虽然事先已经预测出河北省东部唐山市一带可能会发生较大的地震,但是,人们却没能作出短临预报。也就是说,在很多人都毫无准备的情况下,大地震来袭了。

1976 年 7 月 28 日早晨,唐山市附近发生了 7.8 级大地震。唐山市中心地区,地震烈度达到了中国地震烈度表上的 11 度(最大为 12 度)。灾害波及离震源 100 多公里的天津市和 250 公里的北京市。经济遭受巨大损失,死亡人数达到 24.2 万人。这次地震是 20 世纪人员伤亡最大的地震,也可能是地震史上死亡人数最多的一次。

20 世纪人员伤亡第二大的地震是 1920 年 12 月发生在宁夏海原的海原地震(M8.5)。各种资料显示的死亡人数虽有差别,但可以肯定有 20 万 ~ 23 万人死于该次地震。这次地震的震级比唐山地震大得多。海原在中国已

图3　1976年7月28日强烈地震发生后的唐山市一角

图4　被夷为废墟的唐山市体育馆

是人口稀少的地区，但还是导致20多万人遇难。相反，唐山属于人口密集区，虽然震级只有7.8级，但造成的死亡人数却是史上最多的。

历史上人员伤亡第三大的地震是1923年9月发生在日本首都圈的关东地震（关东大震灾：M7.9）。死亡和失踪的人数共计14.3万余人，其中4万余人是被大火包围因烘烤或窒息而死的。在日本，很多没有被震倒的房屋都毁于地震后的火灾中，在关东地震中更是如此。关东地震中房屋毁坏12.8万多间，严重受损12.6万多间，而被烧毁的达到了44.7万余间。

在死亡人数最多的三次地震中，中国占了两次，日本占了一次。

中国的地震预测受到了前所未有的沉重打击。消息迅速传到了日本地震工作者那里，让他们再一次认识到地震预测的艰难。

虽然没能成功预报唐山地震，但之后中国又成功地预测预报了西部地区发生的两次地震。研究人员不因失败而气馁，继续努力研究的精神受到了高度的评价。

进退维谷的日本地震预测研究

海城地震的预测成功和唐山地震的预测失败，使日本地震预测研究者认识到地震预测虽然是一项艰巨的工程，但地震是可以被预测的。怀着这种信念,日本的地震预测研究在众多研究机关的参与下继续进行着。这一时期,又发生了几次地震,幸运的是没有产生大的灾害,所以人们对于预测失败没有给予很大的指责。

但是,接下来发生的大地震对日本的地震预测研究人员产生了巨大的触动。1995 年 1 月,兵库县南部发生了震级为 7.3 级的地震。神户市的地震烈度为 7 度,达到了日本地震烈度表上的最高值。神户市及周边地区是日本具有代表性的现代化大都市圈。城市交通便利,高速公路、新干线、地铁纵横交错,高楼鳞次栉比,车站周围的地下街异常繁华。这一现代化大都市遭受了有史以来的第一震,现代化标志的设施都遭到了巨大的毁损。如图 5 所示,高速公路断裂,新干线的桥墩破损,交通运输的大动脉一度被中断。地铁在施工粗糙的地方也出现了毁坏。唯一没有产生灾害的就是超高层建筑和地下商店街。死亡 6433 人,下落不明 3 人的数字,在 20 世纪日本震灾史上仅次于关东大震灾。

地震发生后,社会纷纷指责地震预测研究人员为什么没能成功预测预报该次地震。同时有一部分人,特别是灾区的很多民众都质疑,是谁断言大阪、神户等关西地区不会发生地震的,推断的依据又是什么?

在日本的地震预测研究计划中,曾经作出指示:大阪、神户等地也可能会发生大的地震,所以必须密切关注这些地区的地震活动。可是,日本没有和中国一样,积极地把长期预报的信息及时传达给普通民众。

图5 阪神·淡路大震灾中坍塌的高速公路

此外，自1599年以来400年间，关西地区一直没有发生过引起灾害的地震，所以很多人都相信迷信，以为“关西不会发生地震”。因为地震研究者知道这只是迷信说法，所以时刻都保持高度警惕，密切观测，但很多普通民众都不以为然。

我的一位住在神户市的好友也是从事地震研究的。他一直在调查神户市地基的坚硬度，并在地震发生的前几年预言，如果发生地震，神户的一些地区烈度会达到6～7

度。但是，当时神户市的领导听了以后，很不以为然，还告诉我朋友“神户没有地震”，让他放心。

兵库县和神户市等地的领导一方面反复强调这次地震完全是出乎意料的，另一方面又不断指责从事地震预测的工作人员，为什么没能预测到该次地震的到来。其实政府部门事先没有采取任何地震对策，地震发生后为了掩饰他们工作上的失职，只好把地震研究者作为替罪羔羊，对他们进行强烈的批评。

有些没有参与地震预测研究的地震工作者甚至也指出：“地震本身无法预测，从事这项研究简直就是在白花钱。”在这种情况下，地震学会在开会期间也开始对地震预测研究提出了疑问。

根据地震预测研究计划，各种观测和调查还在如期进行，但一提起“地震预测”就会遭到误解，很多地震研究者都闭口不提了。在这种情况下，日本的地震预测研究虽然还在进行，但陷入了困境。比如，在每年春季和秋季举办的地震学会研讨会上，之前都会专门开辟一个专题进行地震预测的相关报告和讨论，但此后被取消了。

政府认为既然地震不能被预测，那么就该另想办法来维护人民的生命和财产安全。考虑的结果就是出台了“地震发生危险度评价”（参考小知识：地震动预测图）和“实时地震学”（参考小知识：紧急地震速报）。“地震发生危险度评价”是指在地震不能被预测的情况下，我们可以确定地震的高发区，然后事先对建筑进行加固，提高抗震能力。另外，“实时地震学”就是指利用地震发生的瞬间和强地震波到达地面的短暂时间差，发出预警，最大限度地减小灾害。

这两项研究比起地震预测研究更加受到人们的热捧。但是，有些地震预测研究者还在孜孜不倦地进行预测研究。

到了21世纪，日本列岛各地相继发生震级在7级以上的大地震，引发了各种灾害，有的地震还导致人员死亡。在这种情况下，有些人重新认识到了地震预测的重要性。于是，地震学会再一次强调起地震预测研究的必要性。

2008年6月，日本东北地区发生了震级为7.3级的岩手·宫城内陆地震。在距离震源西北方向50公里的地方，距今100多年的1896年曾发生过震级为7.2级的陆羽地震。那次地震导致房屋毁损6000多间，死亡人数209人。

与此相对，在岩手·宫城内陆地震中，没有房屋因地震而受损，倒是山崩和泥石流损毁了几间房屋。没有人死于房屋倒塌，但是山崩、崖断以及泥石流造成20多人遇难。2008年的地震因为震源在山区，所以灾情没有那么严重，但在几乎相同的震级下，前后两次地震产生的灾害相差巨大。

首先，2008年的地震和1896年的地震相比，全毁房屋不到1896年的1%，死亡人数只有1896年的10%。一般认为，这是日本极力要求加强房屋抗震力后取得的效果。在日本，建造房屋时，需要采用法律规定的耐震结构。所以，越是新建的房屋，耐震度就越好。全毁房屋不到

1896 年地震的 1% ，这一事实证明了提高城市抗震力的必要性。

遗憾的是，2008 年的地震还是造成了 20 多人丧生，但山崩和崖断等由于地震而产生的连锁反应目前还无法防止，所以地震预测就显得尤为重要。如果地震被成功预测，那么就可以采取措施禁止人们靠近危险区域，这样就可以维护民众的生命安全了。

虽然地震预测只能使经济损失减少 10% ，但是，零伤亡的目标还是有可能实现的。

我想说的是，日本应该再次意识到地震预测的重要性，打破目前地震预测研究的困境。

没有预测到的四川大地震

自唐山地震和通海地震后，日本逐渐转移了对中国地震的关注。查看日本出版的地震书籍，可以发现西藏地区在 1997 年发生了 7.9 级地震，2001 年发生了 8.0 级地震，但两次地震都没有人员死亡的报告。

2008 年 5 月 12 日傍晚（日本时间），日本的电视台和广播电台都在第一时间报道了中国发生 8 级地震的消息。震源虽然在四川，但北京和上海等地都感到了剧烈的晃动，日本电视不断播放写字楼人员和高楼居民纷纷下楼，跑到马路上以及被采访者一个个惊魂未定的画面。我觉得这是一次特大地震，所以一直密切关注电视上的报道。到了晚上，陆续报道震源位置在四川省成都市西面，当地政府主要发言人声称，死亡人数约为几百人。

图6　四川汶川大地震中北川县城内垮塌的建筑物

根据当时各家电台的报道，我初步估计此次地震中国方面没有作出短临预报，而且地震达到了8级左右，死亡人数远非几百人，至少有几万人甚至超过十万人。当时电视台打电话来采访我时，我就说了自己的这一看法。最后证明我的看法与事实相差不大。根据日本报纸的报道，截至8月4日，中国政府收到的报告显示：地震导致的死亡和失踪人数已达8.7万多人。

考虑到四川地震时，震源东部是平原、西部是山区这一地形特征,估计平原地区房屋的倒塌主要是由地震晃动引起的,但山区房屋的倒塌除了地震外,更多是由于山崩和崖断造成的。日本各大电视台和报社在地震后第二天开始陆续报道了山区的灾情。

13 日,电视台和报纸都报道了平原地区房屋倒塌的情况。报道中,灾区的景象惨不忍睹。在日本,地震灾区房屋自然也会倒塌,但有很多房子在震后都是完好无损的。尤其是混凝土结构的大楼很少有倒塌的现象。但是,在四川地震中,房屋就像被大火洗劫了一样,化为平地。有些外表看起来还好的建筑,仔细一看,到处都是裂缝,不能再使用。这一惨状如图 7 所示,国外媒体都相继做了报道。

图 7　美国·洛杉矶时代报报道的四川地震的灾情

看看震后拍到的混凝土结构高层建筑的照片,就不难理解为什么很多中小学校的校舍会倒塌，导致很多学生被压死在里面的惨剧了。在日本，当地震、水灾、台风等自然灾害发生时，每一个城、镇、村的公立小学和中学都会在第一时间转为避难场所。所以，政府和自治体在保护孩子安全的同时，努力发挥学校作为紧急避难地的作用，不断提高建筑的耐震能力。21 世纪发生的几次地震中，很多学校都做了临时避难场所。

图 8　地震中倒塌的校舍

不管是 1 ~ 2 层的民房还是高层混凝土结构的大楼，在地震中都夷为平地，这就意味着灾区很多人都无家可归。看到灾区百姓用乙烯树脂板做帐篷挡风遮雨的情景，不禁让人潸然泪下。中国向日本请求支援时就提出要帐篷。目前在日本，一般房屋倒塌后会申请临时住房，申请帐篷的要求和中国的现实国情比较相符。

震源附近几乎所有的房屋都倒塌了，直接导致当地的所有居民都无家可归，所以帐篷特别急需。日本一方面理解了为什么中国要申请支援十几万顶帐篷，另一方面也不免感到奇怪，所有房屋在地震中都倒塌了，那么房屋的建筑方法是不是有问题呢？四川省、甘肃省、云南省等地都是中国的地震高发区，为什么在房屋建造时，不对房屋采取防震设施呢？

地震发生后几天，报告山区出现了堰塞湖。这是地震发生后我特别关注的一个问题。在山区有时候山体滑坡

图9　四川唐家山堰塞湖泄流情况

会堵住河道，形成湖泊。地震导致山体滑坡，堵塞河道而形成的湖就叫堰塞湖。在日本也出现过这种情况，地震三周后堰塞湖决堤，下流的很多房屋被冲走，百姓被淹死。据报道，在中国人民解放军和武警官兵的努力下，地震湖决堤的排险工程基本完成，这也算是不幸中的大幸了。

一般就算是8级的大地震，方圆1000公里内才能感到地震动。但是，四川地震时，距离震源1600公里的北京和1500公里的上海，甚至相距1800公里的台湾都有震感（相当于日本烈度表的3～4度弱震或中震），很多人都惊吓得从房屋中跑到了大街上。这种情况在日本还没有过。在日本，甚至有报道说四川地震时北京也发生了地震。当然，这个报道不属实，但在四川地震时北京和上海的高楼确实有较为强烈的震感。

日本最近也发现，用软地基堆积而起的地区，当远处发生地震时，这些地方也会有振幅较大的晃动。这种现象称为长周期地震动，在高层建筑中感受最明显。北京和上海的高层建筑正是由于和长周期地震动产生共振，才引起较大的晃动。

四川地震时，短临预报没有成功。如果成功的话，至少可以挽救很多人的生命。但是，短临预报的有无对建筑物而言无关大要，因为房屋照样会倒塌，山体滑坡、悬崖断裂的现象也不能避免。就算有短临预报，一切也都为时已晚了，像四川省这样容易发生地震的地方，防震重在平时，必须努力加强城市的抗震建设。

日本一些不可信的地震预报信息

日本自1923年9月1日发生关东大震灾后，把每年的9月1日定为法定“防灾日”，在“防灾日”的前后几天，日本全国上下都会动员市民参与大规模的地震防灾演练。每年“防灾日”临近时，总会有一些杂志刊登地震预报信息。现在虽然很多日本人都知道地震预报是很难的，但每年还是出现各种各样地震预报的信息。其实，真正让人头疼的是有些人真的相信杂志上的消息。

日本过去各研究机构的研究人员比较分散，各自都能随便向社会散布地震预测意见，但现在地震预测信息由日本气象厅统一发布。如果有可能发生大地震，气象厅就会通过电视台和广播电台反复播报信息，各地方政府也会通过专用防灾无线电台向社会和公众公布地震预报信息。在此，我想提醒大家的是：地震预报是由气象厅统一发布的，不要相信其他组织或个人关于地震预报的言论。而且周刊上有关地震预报的信息并不是气象厅发布的，只是一些地震科学工作者和地震研究爱好者以及占卜师和国外研究学者等的预测性意见。

在前面已经指出短临预报必须包括“三大要素”，即预报时必须明确地震发生的大小、时间和位置。所以，接到地震预报时，必须认真仔细地检查一下预报信息是否符合“三大要素”的要求。

就算是大学的地震专家发出的预报信息，如果那只是个人的意见，作为短临预报与其说是不可信，还不如说是不应该信。因为三要素中的时间表述肯定是很模糊的。如果个别研究者的意见得到了多数研究人员的认同，那么这一信息将由气象厅对外发布。

业余人士发布的信息只是自己的一种专断。地震研究者收集大量的数据，通过从不同角度的研究和分析，最终才对大地震发生的可能性作出判断。但是，业余人士只是按照自己的一套土方法，比如只是根据井水水位的变化进行判断，所以他们的预测对震级大小的判断尤其含糊。

占卜师，特别是占星术师可以预测地震发生的时刻，不仅年月日，有时甚至可以精确到几点几分。这是因为他们非常了解行星的运动规律。占卜师是通过行星的排列方法来预测地震的，所以他们毫不关心地球内部是否积蓄着能引发地震的能量。当然，占卜师们的预测是不可信的。而且，我想提醒大家最好不要盲目地去相信那些精确到几点几分的地震预报信息。

在日本，就像年中行事一样，每年周刊杂志上必会刊登有关地震预测的信息，但纵观 50 年，预言一次也没有中过。

期间，中国地震专家的一次预言在日本引起了轩然大波。日本各地方政府通过设置防灾无线这一装置进行管理。当洪水来临、大地震引发海啸时，设置在各处的防灾无线的扬声器就会自动发出广播，提醒人们注意并发出避难指示。气象厅发布的地震预报信息也是通过防灾无线装置进行的，而且用训练方式使用过。但是，这次预报没有训练就发出去了，而且预报发出者是日本地震专家都不知道的中国地震研究人员，这对于当地政府来说是一件很不光彩的事，而且就发生在距离阪神·淡路大震灾才半年的 1995 年 6 月份。事发地北海道在日本列岛中还是地震相对比较少的地区。下面是对本人的拙著《地震学者的个人地震对策》（三五馆 1999 年）的一部分引用。

1995 年 6 月 6 日，北海道部分地区用防灾无线体系发出了地震预报信息。下面根据 6 月 9 日东京版朝日新闻的报道加以说明。

首先是用了《地震预报走入歧途》的醒目大标题，接着是《7 日前后札幌会发生 7 级地震》和《引发北海道半天恐慌各省厅……》的两个小标题。文章开头是这样写的："札幌市及周边地区近日会发生强地震。"这一消息在北海道马上传播开来，很多人都跑到气象厅问究竟。消息好像源自中国，传到外务省、自治区和科学技术厅后，北海道部分自治体向居民发出了地震警备信号。事情造成了北海道市民的极大恐慌，当地部门只能拼命辟谣。据气象厅统计，到 8 号为止，有上百位市民前来上访。文章接着写道："自治省发布的地震预报信息称：7 日左右以札幌市为中心的方圆 200 公里地区可能会发生里氏 7 级的地震。其概率为 60% 左右。"6 日下午，北海道厅使用防灾无线，向札幌市周边的石狩、後志、空知三个支厅传递信息。

接到消息后，後志支厅留寿都村马上召开干部紧急会议，启用广播车向市民发出警告。札幌市也召集各消防局局长，确认灾害发生时的应对措施。

据发言人表示，驻北京日本大使馆最早接到此次地震预报。外务省决定把此次事件作为外交秘密，不再追究预报的内容及消息的来源，但有政府首脑传出这次预报信息是中国地震研究所的研究员发出来的。

消息，6日下午从外务省传到了国土厅。（略）所有通知都是通过电话转达的。期间，气象厅和国土地理院（略）确认各观测数据，都向科学技术厅报告说没有异常。

之后，东京、霞之关各省厅都拼命找借口搪塞。“作为参考信息确实会传到国土厅，但之前应该由各官厅负责核实。”（外务省）（略）“作为参考资料向上报给国土厅的，没想到会传到社会上了。而且中途把‘国内观测数据显示没有异常现象’这句话给漏掉了。”（消防厅）

另一方面，气象厅企划科也强调指出：“之前一直在强调除东海地区外的地震目前还无法预测，但相关省厅和地方自治体好像根本没有理解。”

岛村英纪·北海道大学教授（海底地震学）指出：“中国方面压根没有日本地震的相关数据，怎么可能确定地震发生的时间呢？日本当局应该意识到这一点。政府部门接到上级的通知，如果不通知市民就是责任问题，所以只好紧张应对。（略）”

作为外交上的秘密，外务省封锁消息来源，但是日本有好几位地震工作者都收到了相同的消息。（略）收到消息的日本地震研究者中，没有一个人熟悉发布地震预言的这位地震学者。在中国也有“奇怪的地震研究者”。

收到消息的日本地震学者有的完全不相信这一预言，也有的把消息告诉了同行的朋友们。但是，地震专家完全没有把这一预言当一回事。

事实上，在这次预言前，中国的这位地震研究人员已经发布过类似的消息，称5月28日左右，日本会发生大地震。消息由北京的日本大使馆通过外务省传到了首相那里。但那一次消息并没有引起重视，没有对外公布。发消息的人称日本逃过了一劫，预测5月28日发生的地震居然跑到萨哈林岛去了。但是下一次地震将会在6月9日发生。

相关人员只要对日本地震预测的现状有一点点的了解，就可以阻止上面事情的发生了。

不管是中国还是日本，那些掌握了大量观测数据的地震专家都很难预测本国的地震，更不要说在没有数据的情况下预测其他国家的地震了。这再一次提醒我们地震预测必须有详细的调查。

地震防备

中国主要的地震带

根据国家地震局地球物理研究所的资料(1977年版),中国大陆划分的地震带共有26个。华北地区、东北地区、甘肃省、四川省、云南省西部地区、西藏自治区等都是地震多发地带,但东南部地区几乎没有地震带。

按照中国地震带的划分方法,可以把整个日本列岛看做一个大的地震带。再进行一下细分,当然也有发生地震和不发生地震的地方。然后把地震频发的地区就叫"○○地震带"。

20世纪60年代,随着板块构造理论的提出,地球科学迅速发展,终于知道日本列岛的地震是由于东部受到太平洋板块的挤压,南部受到菲律宾海板块的挤压而产生的。因此,从宏观的角度来说,日本列岛就是一个地震带。

在日本列岛内没有一处地方不会发生大的地震。当然,这是基于1000年,甚至1500年这一大的时间跨度来说的。阪神·淡路大震灾的受灾区,在以往的400年里都没有发生过大地震。有些地方何止400年,自上次地震后1000多年里都没有地震。现在的日本,不管在哪里发生地震,都不足为奇。所以,日本人都要有这样一个思想准备,那就是随时都可能有地震。

中国地震带内的情况和日本差不多。“几百年前虽然发生过地震,但这和我们一点关系都没有。”可能好多人都这样想吧。“不会发生地震的”虽然是个人的自由想法,但这种想法是错误的。四川地震就是一个典型的例子。要是考虑到地震发生的可能性,就会建造耐震的房屋了吧。正是因为抱有“这里不会有地震”这一侥幸的心理,所以才不采取任何对策,造成巨大灾害。

研究中国地震的日本人,从古书上调查中国发生的地震和出现的极光。研究表明,在1425年到1430年间,南京附近频繁发生小地震,但没有造成灾害。(庆松光雄1963)现在也是如此。但在明代(1368~1644年),南京地区是一个地震低发区,没有危害性的小地震发生次数平均一年不到一次。但是,从1425年3月开始发生了1~2级的微小地震,4月份发生了20次,达到了顶峰。之后,到1427年总共发生了80多次。1428年也前后发生了好多次,一直持续到1430年。因为都是一些没有引发灾害的小地震,所以,我猜想当地人可能都已经忘记了。

现在,虽然不在地震带上,但南京有时还会出现这种情况。地震带上不管有没有震前警报,地震都会发生。所以,必须采取地震对策。对于突然到来的地震,我们应该采取什么样的对策呢?

各级政府职能和公众的积极参与

大地震发生时，就算有短临预报，因为时间紧迫，在短临预报后再采取对策几乎是不可能的。但是，发出警报后，人们可以转移到安全地带避难，所以，人员伤亡可以大幅减少吧。但是，根据日本的调查显示，经济损失只能减少10%。在中国应该也是这个情况吧。只要有大地震就会出现大的灾害，所以，必须采取地震对策。那么，应该采取什么措施呢？

为了加强城市的抗震设防能力，政府部门和个人应该各尽其职，分头行动。政府部门的首要任务是进行城市地震设防规划，制定防震减灾法规、计划，除地震外还要考虑到水灾、火灾等其他灾害。当灾害发生时，怎样确保道路正常通行，如何安置受灾群众等，政府部门应制订防震减灾对策方案，成立防震减灾领导机构和抢险救灾工作队伍，这项工作是减轻地震灾害的关键性环节。

城市里如果有河流，还要进行护岸工程，加固河堤，桥梁也要整修加固。城市里虽然道路通畅了，但大桥一旦塌方，道路还是会被中断，所以保证大桥的抗震力是非常重要的。

日本1964年发生了震级为7.5级的"新泻地震"，当时就出现了这种情况。市区一条大河上的桥虽然已有近十年的历史了，但震后安然无恙，而地震前一个月才竣工的现代化大桥却完全坍塌了。虽是新桥，但不一定抗震。在设计与施工前，只有全盘考虑采用何种抗震措施和设防标准，才能真正造出耐震的建筑。

四川地震中很多学校的教学楼都塌了。而在日本，灾害发生时，各地的公立学校都自动转为紧急避难场所。在保证孩子生命安全的同时，作为当地群众避难地的学校特别重视房屋的耐震建设。而且就算不用作避难地，加强学校建筑的抗震设防能力也是行政工作的一大重责。

在城市建设中，也必须考虑到警察局、消防局、医院等建筑的抗震能力。警察局和消防局的建筑一旦遭损毁，抗震救援的中枢就发挥不了作用了。医院也一样，建筑物耐震自不必说，还要保证水、药品、医疗器械不受到影响。政府最主要的工作就是城市规划和建设，当地震等灾害发生时，能立即采取应急对策。

民众的首要任务就是提高自家房屋的耐震力，在房屋建造时要采用抗震结构。地震时，虽然墙壁可能开裂，房顶的砖瓦会掉下来，但只要房子不倒，就不会有太大的问题。因为只要房子不倒，大地震后照样可以和震前一样在自己家里生活。

和日本木结构房屋不同，中国的房屋是砖结构的，具有经久耐用和防火的优点。如果再能采用耐震结构，那么不仅可以使自己住得安心，也能造福子孙后代。虽然采用耐震结构会提高房屋的造价成本，但想想建成的房屋可以安心地住上 100 年到 200 年，就一点都不觉得贵了。

日本的木结构房屋为了抗强风,屋顶使用砖瓦。但是,沉重的瓦顶正是大地震中的一大软肋。房顶过于沉重,容易和地面产生共振,使整个房子不停地摇晃。于是,瓦片哗哗落地,屋里的人一害怕就想跑出去,结果正好被落下的瓦砸中,受伤或是丢了性命。如果就从地震来考虑,屋顶最好不要使用瓦。

兼做避难所的日本学校

在日本的大城市里一定会指定"大的避难场所"。这是为预防大火灾而准备的,人们可以有地方避难。一般火势不易蔓延的大公园和学校等是规定的避难场所。而且在各地都贴着告示牌,上面写着类似于"该地区的避难场所是○○公园"的告示语。所以,不仅本地的居民,就连去当地拜访,路途不熟的人,万一遇上火灾都可以及时找到避难的地方。这些避难的场所,在地震引起火灾时自然也起到了巨大的作用。

各市、镇、村一定有指定的避难所。除了地震外,为了应对水灾、悬崖塌陷、火灾等各种原因导致的住房危机,政府部门必须指定可以暂时避难的地方。避难场所不需要特别建立,学校等公共设施就可以代替。

避难可以是强制性的,也可以是自主性的,视情况而异。只要有避难者,政府机关就要为他们提供毯子、一日三餐、日用品、药品等最低生活保障所需。

图10是2004年日本发生“中越地震”(里氏7.2级)时,体育馆作为避难所的场景。图11是在避难所设的供水设施。图12是设的临时厕所。

图10　中越地震中在体育馆临时设立的避难所

图 11　中越地震中在避难所设的供水设施

图 12　中越地震时设的临时厕所

为了预防地震，在学校和体育馆等避难所的院子里都备有一个集装箱式的仓库，叫做“防灾仓库”，里面储备了食物、毯子、做菜用具、工具等物资。震后，由于各种条件限制，外界救灾人员一般不能即刻到达现场，避难者们只能依靠仓库里储备的物资进行生活。

现在除了避难所有“防灾仓库”，每隔一定范围就设一个“防灾仓库”的自治体开始多起来。因食品等有保质期，所以仓库里储备的物资需要定期检查。地震不知道什么时候会发生，所以我们对待地震要有耐心。

道路整顿

地震发生时，政府需要实施的重要对策之一就是确保道路的畅通。虽然拓宽道路是一个好办法，但仅仅如此还不能保证道路一定就会畅通。

地震中的倒塌物覆盖路面，阻碍交通的现象在日本时有发生。和日本相比，中国的道路从总体上来说要宽很多。但是，发生地震时，道路还是有可能会被阻塞。哪怕只有一处发生障碍，也会立即引起交通阻塞。所以必须经常进行道路管理，要注意道路周围的建筑、电线杆、广告牌等，以防在地震时倒塌而阻碍交通。

图 13　日本地震造成的路面断裂

引起道路障碍的不只是那些固定物。在日本，行驶中的汽车也被认为是一大障碍。在靠左通行的日本，一般都告诫驾驶员万一在开车过程中遇上地震，应马上靠左停车，离开车子时不要拔掉钥匙。很幸运的是，在号称汽车王国的日本，在白天车流量很大的大城市里还没有发生过地震。因此，虽然驾驶员们被这样指导或提醒，但不知道真的发生地震时会出现怎样的状况。

如果在交通堵塞时发生地震的话，肯定会发生车车相撞的事故。所以，甚至有人提议“发生地震时不要开车”。但地震发生后，好像很少有人会遵守这一倡议。事实上，有不少人不去避难所，以车为家，在车里生活，或者开着车子去避难所。但是，在地震发生后，为了紧急救援和救火工作，以及救援工作正式开始后，确保救援车辆的顺利通行，应该禁止普通车辆在灾区的行驶。

日本关东大震灾烧死了4万多人，是震灾史上烧死人数最多的一次特大地震。当时，地震发生后，当地百姓都把家中财物装在小货车上，开着车去避难。宽阔的道路上到处都塞满了小货车。东京东部约6公顷大的广场上到处都是开着车来避难的人群。

道路本来可以起到阻止火势蔓延的作用，但在关东大震灾中恰恰相反。地震后引发的火灾不断地蔓延，引着了道路上货车里的行李，使火势进一步扩大。6公顷的广场本来足够避难了，但货车里的行李一着火，火势不断蔓延，使广场也成了一片火海。结果，广场上3.8万多人都葬身于火海中。好不容易从地震中逃了出来，却死于火灾，让人痛心。

从关东大震灾中得到的教训就是，地震发生时，成千上万的私家车一旦成为运货车，会产生可怕的后果。现在东京的道路已大大改善，路面更宽了，交通体系也更完善了，但不管是多宽的马路，一旦被车辆阻塞，就发挥不了原有的作用，相反，一旦发生火灾，就会引起火势蔓延。

进入汽车时代，人类在大地震来袭时怎样才能用好车？对于这个问题，还没有很好的答案。“不开车”也许是最好的方法，但事实上很难实施，很多人也不愿遵守。那么，有没有其他办法呢？这是地震多发地的人们应该经常思考的一个问题。

确保水、电、煤气等的供应

在大地震发生的瞬间，经常会出现停水、断电、供气中断的情况。在震后只有尽快恢复城市基础设施，才能稳住人心。但是，迅速恢复基础设施并不是一件易事。有时因受灾严重，恢复工作需要花很长时间，也有可能导致长期缺水。

在城市里个人无法解决缺水问题。所以，地震后，一般要依靠供水车供水。每家至少要准备一两个20公升的大塑料桶，把水从供水车运回家里。这些容器也不需要特意去买，只需从平时用的容器里挑一两个洗干净，备用即可。

抽水马桶等由于停水也不能使用了。这时，可以在便器里放一个大的塑料袋，收集脏物，这样就不需要用水冲了。需要准备的就是大的塑料袋，可以的话再加个除臭剂。虽然除臭剂不是必需品，但在避难所等地方都很有用。

最近，日本发明了应对灾害的简易厕所。我觉得没必要购买，家里只要用塑料袋就可以了。

没有生活用水，就不能清洗餐具。但是，只要把餐具用保鲜膜包好，就不会变脏，能干净地使用了。保鲜膜类是每个家庭在日常生活中常用的东西，所以就算没有准备一次性纸碗和容器，也可以解决问题。

随着文明的进步，中国人和日本人都淡忘了以前的简朴生活。要是生活在一个严重缺水的环境里，应该怎么办呢？我们应该多思考这个问题。这样，当我们有一天真的面临这一困境时，就可以一边从容面对，一边迅速找到解决的办法。

在现代化的住宅中，很多设备都需要用电。照明灯、加湿器、冰箱、空调等所有电器产品，一旦停电就无法使用。地震使现代文明社会的缺点暴露无遗。在日本，虽然地震后电力系统恢复相对较快，但我们还是要考虑如果没有照明器具、暖气、烹调器械等现代化电器，人们应该怎样生活。

尤其值得注意的是，停电后在电力恢复的瞬间，暖气设备和暖炉等在开着的状态下通电，容易引起火灾。所以，人们就发明了一旦停电，开关就会自动切断的电器产品。我们必须熟悉日常生活中经常使用的各种电器的性能，一旦地震发生，就能采取有效措施，消除隐患。好不容易从地震里逃出来了，震后我们当然也要防护得当，避免受害。

从日本关东大震灾中获得的一大教训就是：一旦发

现稍有震动,首先要关掉液化气开关,消除火源。但经验告诉我们,当大地震发生时,人们往往没有时间,也不可能去顾及火源。

现在,日本出售的很多煤气用具和石油火炉,一旦翻倒就会自动熄灭。而且,煤气公司也设置了一定装置,当震动达到一定程度,就会自动停止供气。所以,地震发生时可以不用马上急着关闭火源。

换句话说,社会的抗震能力正在逐步提高。只是和电气设备一样,在煤气恢复供应的瞬间,有些煤气用具的阀门可能处于开着的状态,这也是引起事故的一大隐患。

像这样,熟悉生活中经常使用的各种器具,一旦地震发生时,采取正确的应急措施,这是最好的地震对策。

损而不倒的房屋

通常一个人在自己家里呆的时间是最多的。甚至有这样一句话:人生的三分之一在床上。换言之,在寝室里遇上地震的可能性相对较大。所以,遇上大地震时,如果我们的房子不发生倒塌,那么我们的生命就有了保障,财产也不会受到损失。我们一定要住在坚实的房子里,即使由于晃动导致局部出现破损,但绝不会倒塌。虽然有时会受房屋周边环境的影响,但我们完全可以建造大震不倒、小震不坏、抗震性好的房屋。在阪神·淡路大震灾中,就有很多房子经受住了剧烈的摇晃，完好地保存了下来。

建造牢固房屋的一大要点是地基。日本土地资源稀缺，一千多年前开始对海岸、湖沼、池塘、田野等进行填埋，和河床等一起作为住宅和建筑用地。这些地方即使到现在由于地表水分含量多，地基还是很松软，地震的摇晃容易引起地表液化，喷沙冒水，使上面的建筑物发生倾斜。通过削减山的斜面或填平低谷开拓出的新平地，叫做“填土”，地基很不耐震。所以，有条件的话不要在这些地方造房。

但是，由于日本土地稀少，很多人不得不住在这些条件恶劣的地方。一旦发生大的地震，必然会引起灾害。可喜的是，近年来，随着建筑技术的进步，这些地方的建筑也能耐得住大地震的摇晃了。

图 14 是中越地震时的受灾图。在完全倒塌的房屋旁边两层的住宅虽然有破损但没有倒塌。

图 14　中越地震中被摧毁的房屋和幸免的房屋

各处的地势和周边环境都很重要。斜坡和山间易发生山崩和崖裂。有时,掉落下的土石和流水、雨水等一起,容易形成泥石流。经常会发生建筑物被泥石流掩埋的情况。所以,必须熟悉自家周围的地理环境,做好相应的对策。

摇晃的高层住宅

自在地震带上建摩天大楼成为可能以来,阪神·淡路大震灾中的神户是首个遭遇大地震袭击的现代化大都市。日本在允许建超高层大楼时,很多人都担心高楼能否经得住地震的摇动。但在阪神·淡路大震灾中,神户市内 100 多米高的大楼安然无恙,不仅证明了现代建筑技术的高超,也让人们安心了。

但这也给人们提出了新的课题。高楼在地震时经常会摇晃。大楼的振幅和楼高有关,有时可达一米以上。就算是微小的晃动,也会让住在里面的人感到害怕。物体不停地晃动,椅子、桌子等家具移位甚至倾倒。地震时高楼“虽然不会倒塌,但会发生剧烈的晃动”,这是高层建筑的特点。所以,必须对高楼内的家具等进行固定,防止倾倒。

四川地震时,由于地震波传得很远,和北京、上海等地的高楼产生共振。这一现象叫做长周期地震动。近年来,在日本的各大地震中,其他地方也出现过这种情况。

像四川地震时,北京和上海距离震源1000公里以上,所以就算晃动很大,也不会产生损害。但在日本,如果距离震源100~200公里相对近的地方,恰好是堆积而起的松软地基,那么就要引发灾害了。之前出现过大型石油罐被震坏的事件,人们担心今后可能会发生更大的灾害。

高楼居民和写字楼人员应该了解长周期地震动现象,知道当发生大地震时,高楼是不会倒的。所以,就算大楼在摇晃也不要慌张。

家庭避震

就算房屋不会倒塌,发生地震时,家里和周围仍存在很多危险因素。要预想到各种情况的发生,比如家具翻倒,墙上挂的画或装饰品松散掉落,架子上的东西掉下来,天花板上的灯具和窗玻璃被震破,玻璃四处飞溅等。有时被压在倒下的家具下面,也会导致伤亡。所有人,尤其是小孩和老年人,要特别注意床周围的摆设,防止倒下和掉落。要把餐具柜和书架等的门关紧,以防里面的东西飞出来。

近年来,日本人想了很多办法以防室内的各种门窗在地震时被震开。开发出来的家具已经开始被贩卖了。而且,防倒的各种家具也在市场上出现了。

防止家具翻倒的可行办法之一,就是把家具固定在墙上。这需要墙面有很强的黏合力,如果黏度不够,那就起不到作用。高的家具,可以在家具和天花板之间放纸板或杂志等,塞紧缝隙,这样可以起到防倒的作用。

架子也是要注意的地方。在日本,有时会发生东西从架子上掉下来,正好砸中睡在下面的婴儿,而引起死亡的事件。尽可能不要在卧室放置容易翻倒的家具。卧室和客厅是人一天中呆得时间最长的地方,所以在家庭布置时,要消除这些地方的安全隐患。

家里被摇得乱七八糟时,碎玻璃可能会散落在地。为了行走时的安全,需要准备厚底的拖鞋或袜子。很多受害者都认为在日常生活中做好周密的准备很重要。

房子周围也要加强防护。首先要考虑到围墙结构是否容易发生倒塌或毁损。中国的砖墙不抗震,日本一般都是水泥砖墙,但地震时也经常会损坏或倒塌。现在,在水泥砖结构里加了钢筋,尽管如此,如果钢筋少的话,在地震时还是要倒。

也出现过院子里的石凳笼被震倒,人被压死在下面的例子。房子没有倒塌,呆在屋里本来很安全,结果,慌忙跑出去反倒酿成了悲剧。同样,被压在墙下面致死的例子也不少。只要房子不倒,那么在剧烈摇晃时最好的办法就是躲在家里最安全的地方。

在日本,木结构的两层建筑,一楼就算全毁了,二楼却还依然挺立。所以,在二楼感觉到地震时,不要慌张,最好站在原地不动。但是,有的人急急忙忙地想下楼,结果从楼梯上滚下来,造成伤亡。

有时房子就算不倒塌,屋里还是有危险。房子的周围也同样存在危险。平时要熟悉居住和工作的环境(门的开向、通道方向、台阶高低、紧急出口、空旷场地等方位),灵活掌握震时的自救方法,充分利用大震的预警时间和震后下一次余震到来的时间差迅速撤离。

防灾用品包

日本自 1995 年发生阪神·淡路大震灾后,作为防灾的一大对策,提出要准备“防灾用品包”。“防灾用品包”是指在遇到需要避难的地震时,在双肩包等可以背的包里装生活必需品。这种包可以去商店购买,也可以自己准备。

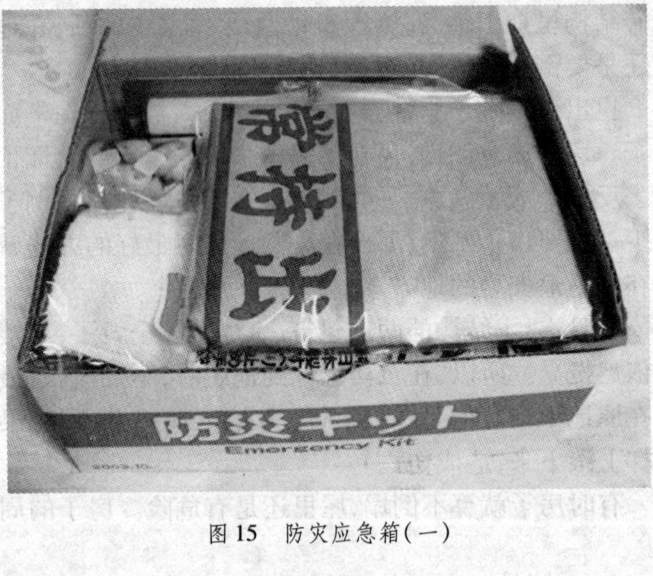

图 15　防灾应急箱(一)

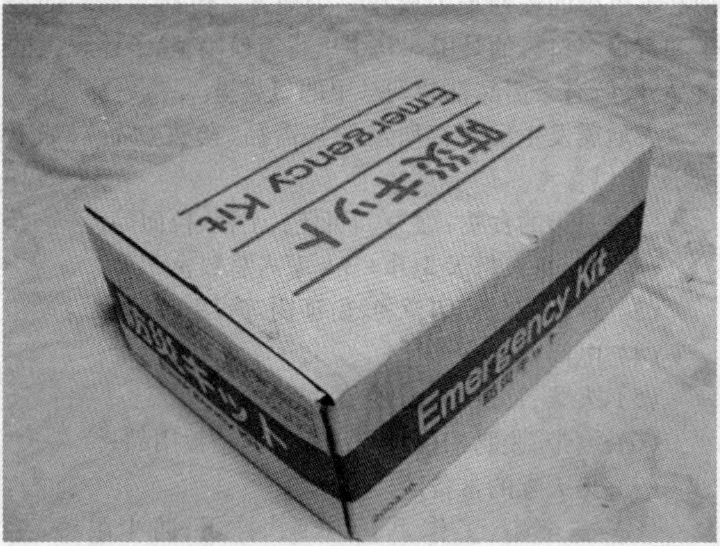

图 16　防灾应急箱(二)

阪神·淡路大震灾后,日本很多家庭都准备了“防灾用品包”。虽然没有进行过详细的统计,但我利用地震知识讲座的机会,对普通参加者做了随机的调查,发现有10%左右的家庭在阪神·淡路大震灾后准备了各种各样的“防灾用品包”。21 世纪初,虽然阪神·淡路大震灾已过去 10 多年了,但这些人里还有 10% 的人坚持准备“防灾用品包”。所以,在日本大概有 1% 的家庭有地震防备,以各种形式准备“防灾用品包”。而且,每次发生大地震时,一感到晃动,就会马上想起“防灾用品包”,并确认其放置的位置。

我虽然没有准备“防灾用品包”,但在紧急情况下会把必不可少的东西集中放在一个地方。包括装物品的袋子和有很多口袋的马甲。马甲里得有口哨,除了体积大的食品外,所有必需品都装到马甲的口袋里。

大地震发生后生存所需的必需品(防灾物品),如下所示,以供参考。

(1) 三天的食物:罐头、干面包、干粮、拉面等;

(2) 水:每人每天 3 升 ×3 × 家人总数;

(3) 现金、存折、印章、身份证明等贵重物品;

(4) 电筒、电池;

(5) 火柴、打火机、固体燃料、蜡烛;

(6) 绷带、脱脂棉、消毒液、药膏等急救用品;

(7) 每天吃的常备药;

(8) 安全帽、工作手套、衣服、袜子、防尘眼镜、毛巾等;

(9) 毛毯或睡袋;

(10) 绳索;

(11) 塑料瓶(用于喝饮料);

(12) 其他(刀、开罐器、塑料袋、防水布、简易防雨斗篷)。

有小孩的家庭还要准备牛奶和尿布等。有些人可能还要准备眼镜。必须备齐日常生活中不可缺少的物品,东西可以因人而异。

一个人不可能拿下所有的东西,而且有些东西也不一定是必须的。但是,把这些东西放在家里某一个地方储藏起来,万一出现地震等情况时就不会忙乱了。

食物的储备

日本政府呼吁国民在地震发生后的前三天内尽量做到自救。有时情况很糟糕,地震发生后前三天内政府和自治体等的救助不能及时赶到。当大地震发生时,自治体和个人都是受害者,不能及时出动救援也是情有可原的。

政府部门发出这一呼吁后,很多人都认为必须备足三天的食粮,于是储备了很多食物。有些人还在杂志上介绍自己准备的食品种类。

但是,储备的食品都是有保质期的。没有一样食品可以保存几十年。罐头类保质期一般为1~2年。市场上销售的急救物品最多也只能保存5年左右。受保质期制约,储备的食品要定期更换。

不久的将来,如果一定会发生大的地震,那我也会好好储备这些东西的。但是,对于那些还不确定是否会发生的地震,有些人十几年如一日地坚持做准备工作,我很佩服他们的恒心和耐力,但自己肯定坚持不下去。

让我们再一次回到原点来面对这个问题吧。之前我们一直在强调住在不会倒塌的房子里的重要性。只要房子不倒,那么地震后我们还可以在家里过和地震前一样的生活,家里的东西也可以继续使用。日本人家里,一般都会把冰箱塞得满满的。从大米开始储备了很多食物。我们完全没有必要为了预防震灾而去储备很多东西,地震后靠家里平时多下来的东西就可以维持生活了。

但是,如果什么都不带,就要开始在避难所生活,那会怎么样呢?年轻人可以从家里背三天的食粮到避难所去。但是老年人怎么办呢?政府要求每人每天喝3升的水,那么三天下来就是9升,再加上一些随身携带的物品,老年人能拿下这么重的东西吗?

事实上,日本人在这一点上的解释也是很含糊的。“防灾仓库”里备有食品,受灾后,如果能确保道路正常通行,那么还可以得到近邻的帮助。

作为地震对策,我还是不赞成个人为了防灾储备很多东西,在日常生活中我们只要多备一些食品就完全可以了。

地震对策

唐山地震和四川地震分别导致24万多人和8万多人死亡或失踪。地震确实让人感到可怕。在自然现象中,除了地震外没有什么现象可以在几分钟内夺走几万条生命。在战争中,除氢弹等外不可能一次性致这么多人死亡的(1945年广岛原子弹爆炸在瞬间使6万多人丧生)。

但是,人一辈子遇上一次能把房屋震倒的大地震的几率是很小的。如果在我有生之年肯定要经历地震,那么我也一定会全力以赴,采取防震措施。但是,在日本会不会遇上地震我们都不知道，更不要说地震发生概率更小的中国了。

对此，到底应该怎么办才好呢？可能每个人都有自己的想法。不采取任何对策，全靠命运来做主是一个办法。但是，从四川地震的悲剧来看，很多人觉得不管怎样还是要采取些对策。

《孙子兵法》中“知己知彼，百战不殆”这句话，很多日本人也很熟悉。我觉得实行地震对策也该灵活运用这一道理。

“知彼”首先要做的就是找出哪些地震会影响自己的住房。什么地方发生过多大的地震，这是我们首先应该去了解的。

接下来，要考虑如果这样的地震再次发生，我们住的地方会产生多大的颤动和摇晃，房子能不能经受住这种摇动，这是“知己”。如果觉得自家房子建的年代已经很久，有可能老化，那就该请房屋专家来诊断，进行必要的修补，加固房屋。这也是“知己”后可以做到的。

在院子里遇上地震，如果旁边有竹林，那就应该马上去竹林里避难。这是逃生的一个好办法。竹子的根很深，不容易被拔起，所以很安全，这个办法从古时候起一直被沿用了下来。

通过查阅古书，我们还可以了解到古时候地震引发的各种灾害。针对这些灾害，我们可以一一找出对策，这样就可以“百战百胜”了。

因此，我觉得个人应该从以下几个方面着手，做好地震防护对策。

(1) 住在地震震不倒的房子里;

(2) 熟悉自家房子周边的地震环境;

(3) 时不时地想象一下地震来袭时自己会怎么应对。

对于(1)的提议,之前已经论及好多次了,比较好理解。

(2)里的地震环境是一个新词。地震后该怎么办?请观测自家周边的情况后认真思考一下。自家房屋是不是建在坚实的地基上?墙壁会不会倒塌?如果附近有避难用的公园,那么去的路上是否安全?会不会有招牌等掉下来?等等。哪怕只是记住可能发生危险的地方,那么逃生过程中就可以保证安全了。

我个人比较重视(3)。地震来临时,我们是一点准备都没有的,所以我们应该设想在各种场合下,万一发生地震,我们应该如何应对。设想在电车里、地下商场、高楼的餐厅里、地面的人群中、开车时等各种场景下发生地震时,自己要怎么应对。我把这当做地震防灾演练。通过各种演练,当真的发生地震时,我们就可以保护自己了。

地震科学小常识

地震术语

地下岩体中发生急剧的破裂，产生震波，震波向四面八方传播出去，到地面后引起地面振动。这一现象称为“地震”，产生的震波称为“地震波”。地震波发源的地方，叫做震源(focus)。震源在地面上的垂直投影，地面上离震源最近的一点称为震中。震中附近的区域称为震中区。实际上震源并非一个点，而是一个立体的扩展性区域。为了强调这一区域，就称之为“震源区”。地震波发生的时刻称为发震时。

一般认为地球内部岩体一开始破裂，地震波就会随之发生。但是，据最新地震学研究发现，有些地震滑动速度很慢，地震波辐射能量很小，缓慢运动积累到一定程度时才导致岩体发生巨大的变化。这种现象称之为“慢地震”或者“静地震”。

地面上任何一点到震源和震中的直线距离分别称为“震源距”和“震中距”。震源垂直向上到地表的距离是震源深度，90% 以上的地震发生在震源深度小于 100 公里的地方。因此，全球几乎所有的地震，震源距和震中距基本相同。两者的关系可以通过图17来很好地理解。

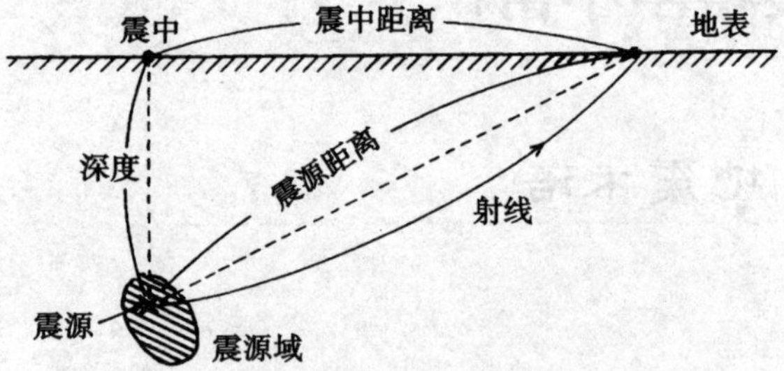

图17 震源附近的概念图

从坚硬的岩体中所发射出来的地震波，在物理学上称之为“弹性波”。弹性波根据其性质又分为“纵波”和“横波”两种。地震波的纵波称为“P波”，横波称为“S波”。因为岩体内的P波传播速度比S波快，所以P波首先到达地面，之后S波才到达地面。P波和S波到达地面的时间称为“到达时刻”，P波和S波到达地面的时间差称为“P-S时间”或“S-P时间”。“P-S时间”又可称为“初期微动持续时间”。

在地球内部地震波的传播速度不是恒定的，大体上离地表越深传播速度越快。地震波的传播路线称为“射线”。由于距地表越深地震波速度越快，所以如图17所示，射线呈弯曲状。

对各地发生的地震，通过地震波在不同震中距上到达时间的观测，我们可以分析出地震波在地球内部的速度分布，而这一研究结果又让我们了解到地球内部的构造。

地球可分为地壳、地幔、地核三层（如图18所示）。从

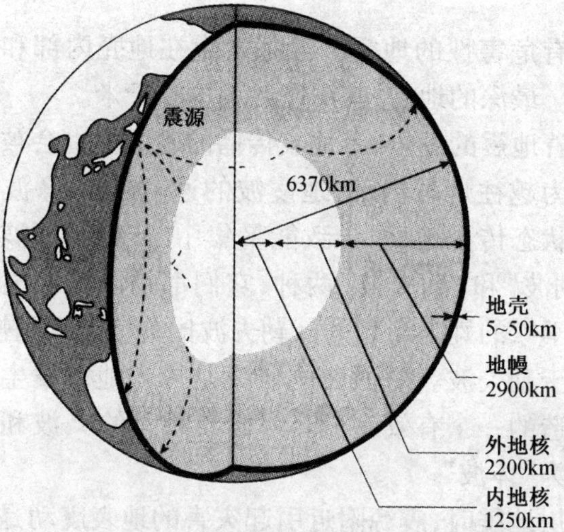

图 18　地球内部构造和地震波的传播路径

地表至地下 5 ~ 50 千米处为地壳。海洋地区的地壳厚度在 5 ~ 20 千米之间，陆地上的地壳厚度在 20 ~ 50 千米之间，分别称为“海洋地壳”和“大陆地壳”。因构成地壳和地幔的岩石不同，地壳和地幔的物理性质以及 P 波和 S 波在其中的传播速度也有很大的差异。地壳和地幔的分界面很清晰，被称为“莫霍洛维奇不连续面（简称莫霍面）”。地幔深至地球表面以下 2900 千米，地幔下面就是地球的核心部分——地核。主要由铁、镍元素组成，因 S 波无法传递，所以被认为是一个液态体。而且由于内部高温高压，一般认为铁和镍会熔化，但事实上据地震波传播的研究，科学家现在认为地核中心是一个固态结构。固态结构的半径为 1200 千米，称为内地核，其外部为液态，称为外地核。

具有危害性的地震一般都发生在地壳内部和地幔的最顶部。最深的地震,其深度约为700千米。

随着地震的发生,沿地表传播的表面波也会被激发出来。因为越往地球内部,地震波的速度越快,P波和S波以弯曲状态传至地面,导致能量集中,产生了面波。面波有“瑞利波”和“勒夫波”两种,它们都是以首次描述它们的物理学家的姓名命名的。勒夫波比S波速度稍慢,瑞利波更慢于勒夫波。对面波的研究是探求地震发生机制和地球构造的一个有效途径。与面波相对的P波和S波一般被称为“体波”。

四川地震时,震源附近引起灾害的地表震动是由体波产生的,而北京、上海等地发生的震动是由面波产生的。

不管是体波还是面波,地震波在地表和地球内部的各个界面处,通过不断地反射和折射而逐渐变弱。因此,地震仪记录下来的“地震波形(又称地震图)”异常复杂。

地震图如图19所示。

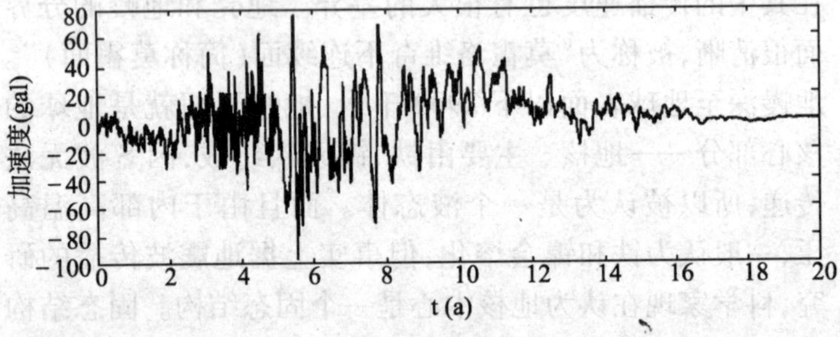

图19 地震波形

地震烈度

人体能感觉到的地震称为“有感地震”。人体感觉不到的地震称为“无感地震”。在相距几千米的地方发生地震，即使震源附近发生了破坏性的大地震，但在相距甚远的地方，因为没有震感，所以也叫无感地震。因此，有感地震、无感地震和地震的大小没有直接的关系。

感知地震的形式是多种多样的。有时只是咔嗒一声或者是啪嚓啪嚓、咔嗒咔嗒、玻璃窗作响，但人却丝毫没有感觉到摇晃，有时突然感到身体急剧晃动，“啊，地震！”只要是稍微大一点的地震，我们稍加注意就会发现在感到大的晃动之前，首先感到上下颤动。这是因为地震波从地内向地面传来，纵波首先到达的缘故。横波接着产生大振幅的水平方向的晃动，一般横波的晃动会比纵波感觉强烈。在震中，纵波会毁坏房屋建筑，离震中稍远的地方，房屋的毁损多数是由横波导致的。

在各处感受到的震动强度就称为“地震烈度”。地震烈度是人体的直接感觉，它可以脱离机械设备的测量。早在100多年前，日本还没有开始对地震进行科学研究，地震仪还没有被发明，但地震烈度这一名词就已经被广泛使用了。总之，是由人体的感觉来确定的，所以起初把地震烈度划分成四个等级，随着经验的丰富和研究的深入，又细分成七个等级来记录地震的烈度。日本从1956年开始使用烈度表，用烈度表测量出的烈度称为“测量烈度”。从使用烈度表开始，烈度等级又被进一步细分成了10个等级。中国把地震烈度分成12个等级，意大利等国家也把地震烈度分成12个等级。

一次地震发生后，把各地的地震烈度标在地图上，就组成了“地震烈度分布图”。震中区附近烈度最高，从震中向四周扩展，地震烈度逐渐减小。从震中到最远可以感觉到地震的地方的距离称为“最大有感距离”，这是测量地震大小的一个简单方法。

在日本的大地震中，最大有感距离大致是1000多千米。而四川地震，北京、上海、台湾都有震感，最大有感距离达到1800千米，是一次特异的地震。它对上海和北京的地下结构产生影响，使地面产生周期很长的摇晃。在远离震源的地方，出现比其周围还大的摇晃现象，就称为“异常震域”。北京和上海都是四川地震的异常震域。这种现象今后是否还会再次出现？这在地震学上是一个很值得研究的课题。

震级

震级是指地震的大小，是表征地震强弱的量度，震级通常用字母M表示。美国率先主张制定一个统一的标准来衡量地震的大小,并就此做了很多研究。震级就是用美国的倡导者、地震学家 C. F. 里克特的姓名来表示的。

最初对震级的确定是利用特定的地震仪,在距离震源 100 千米的地方通过测量振幅来完成的。但是,全世界使用的地震仪各不相同,而且也不可能正好在距离震源 100 千米的地方设置地震仪。因此,科学家们又致力研究,制定出了一个计算公式,通过这个公式,即使用不同的地震仪测量,震级测试结果也基本相同。但是,根据体波测量出的震级(Mb)和根据面波测量出的震级(Ms),有时会有一些偏差。

震级是一个相对值,研究者们推导出了一种新的震级标度——矩震级(Mw),即通过对震时遭破坏的断层面进行分析,来推断震后整体断层运动量。这个震级公式是从震源物理学的角度出发的。地震发生后,利用多个地震台站的记录进行地震参数的分析,确定断层运动的形态,以此计算出震级,这一测定具有速效性的特征。地震学者只有在发生里氏 8 级以上的大地震时,才会使用矩震级进行测定。1960 年智利大地震的矩震级为 9.5,成为人类已知的最大地震。

说到地震的大小,容易混淆的就是地震烈度和震级。震级是表示地震大小的量度,尤其矩震级标度是一个绝对值,表示了地震的大小。而地震烈度是指在某处的震动强度。它们的关系类似于电灯的发光强度和光照度之间的关系。

100 瓦的灯泡在 1 米远的地方的光照度是 100 勒克斯,在 10 米远的地方的光照度是 1 勒克斯(发光度除以距离的平方)。发光强度不管有多强,只要离开光源,光照度就会变弱;反之,就算发光强度再弱,靠近光源,光照度就变强。发光强度就如震级,地震烈度就好似光照度。

震级和地震烈度的关系又被拿来和天文学上星星的亮度作对比。在天文学上,把使用天体望远镜观测到的相对亮度作为衡量一颗星星大小的尺度,并称为几星等。这相当于地震学上的地震烈度。在地球上看起来最亮的太阳或者亮度最大的星星在宇宙空间里却并不是级别最高的恒星,与此相同,站在同一个地方,当此地发生里氏 7 级大地震的时候,我们会感到剧烈的晃动,但假如相距甚远的地方发生里氏 8 级的大地震时,我们却丝毫没有感觉。

从震级也可以推断出地震所释放的能量。震级每相差 1.0 级,能量相差大约 31.6 倍。所以,8 级地震所释放出的能量几乎是 6 级地震所释放能量的 1000 倍。

在日本,按震级大小可把地震划分为以下几类:1 级以下的地震叫极小地震,1 ~ 3 级的地震叫微小地震,3 ~ 5 级的地震叫小地震,5 ~ 7 级的地震叫中地震,大于 7 级的地震叫大地震。8 级以上的地震有时也叫特大地震。导致灾害的基本是中地震以上的地震。

在日本,由于历史地震学的发达,根据烈度在 5 度以上的区域和震级之间的关系,可以推测出那些在地震观测还没开始时期所发生的地震的震级。根据古书的记载,把所有地震烈度在5度以上的区域标识出来，就可以看出烈度的整个区域。据此，我们可以推测出地震的大致震级。照此办法，我们甚至可以推测出发生在一千年以前的地震的震级。

地震仪

为了科学地调查地震现象，就必须正确地记录地震，而记录地震现象的仪器就是地震仪。地震仪是中国最早发明的。在读研期间导师曾给过我如下资料：

“世界上最早的地震仪是由中国的张衡于东汉阳嘉元年(公元132年)发明的。虽然当时叫做地动仪，但现在被称作地震仪，它不是用来记录振动的仪器，而是记录是否有振动的仪器。张衡自称其为侯风地动仪。仪器四周有八个龙头，龙头对着东、南、西、北、东南、西南、东北、西北八个方向。龙嘴是活动的，各自都衔着一颗小铜球，每一个龙头下面，有一个张大了嘴的铜蛤蟆。当某个地方发生地震时，樽体随之运动，触动机关，使发生地震方向的龙头张开嘴，吐出铜球，落到铜蛤蟆的嘴里，发生很大的声响。于是人们就可以知道地震发生的方向。这些虽然在后汉书中有记载，但是实物与图纸都已失传。日本服部一三郎(1851~1929年)于1875年根据后汉书的描述并加以想象，命画匠画了一幅地动仪的图。这幅图之后被挂在东京大学地震学教室里，并被国内外各种书刊所引用。”（萩原尊礼：《地震学百年》，东京大学出版社，1982 年版）

我记得在中国见过张衡候风地动仪的仿真品，而且作为纪念品，候风地动仪模型也有得卖。图 20 是被复原后的模型之一。

图 20　张衡候风地动仪的模型

实用的地震仪最早发明于日本。1880 年 2 月 22 日，日本横滨市发生了地震，现在被叫做横滨地震（里氏 5.5 ~6 级）。地震虽然不是很大，但在那个文明开化的时代，用砖堆积起来的烟囱等近代化建筑，尤其是很多烟囱都损坏了。英国是一个无震的国家，所以采用英国建筑方式建造的建筑都遭到了损坏。这场地震使得在东京帝国大学（现在的东京大学）执教的英国籍教师们大为震惊。为了加快近代化，当时的日本政府从英、法、德等国家招聘大学教师。这些教师被叫做“雇佣教师”。

这些雇佣教师们对生平第一次经历的地震展开了研究。他们定期集会，反复探讨，这个集会最终促成了世界上第一个地震学会的设立，并且地震学会的首要工作就是发明真实记录地表运动的地震仪。

记录由地震引起的地面震动并不是一件简单的事情。当地面运动时，地面上的一切物体都随地面一起运动。为了测量出地面的运动，必须找到一个相对静止的参考点，这个参考点在地震仪器中是利用摆的惯性原理取得的。

在线的一端系上重锤悬挂起来，线一动，重锤就会来回摆动。重锤的摆动周期和线的长度有关。在长度为 1 米的线上系上重锤，摆锤的震动周期约为 2 秒钟。这就是这个摆的“固有周期”。由于物体的惯性，当地面运动相对快时，周期较长的重锤振动系统跟不上地面运动，因此重锤在空间中可看做相对静止的。也就是说，当摆锤振动系统的周期比地面运动的周期长得多时，摆锤和支座之间的相对运动就反映了地面运动的位移。地震仪就是利用这个原理，找到了一个固定点，当地震发生时，地面上任何物体都在震动，唯独这个固定点保持静止。

为了记录周期为数秒的地面震动，需要一个固有周期相对较长的摆。把固有周期扩大1倍,需要把线长变成原来的4倍。这样固有周期为20秒的摆所需要的线长是100米。显然操作麻烦,不实用。因此,实验者们又想出了新的办法,不用线作摆,而是像钟摆一样,用牢固的棒作摆。在支撑点设法按上板簧或卷簧,就制成了可以测量地面上各种震动的地震仪了。

地震仪的记录方式是按以下的方法逐渐发展的。

(1) 机械地震仪:通过杠杆使摆的震动有规律的放大,用笔(描针)在纸上记录下来。

(2) 光学地震仪:通过光杠杆使摆的震动放大,在感光纸上做记录。

(3) 电磁地震仪:在摆顶端系上电磁线圈,通过磁铁运动的线圈,把地面的运动转换成电流,用光和检流计把记录记在感光纸上,或者通过放大器用笔在电流表的记录纸上记录。

(4) 现代地震仪:把地震信号用模拟方式记录到磁带上或者是用CD-ROM或软盘等数字方式记录。近年来把地震信号直接输入电脑,由电脑进行直接处理,然后把结果打印出来或者显示在计算机上。

从(1)到(4),地震仪在不断地进步。近年来,数字化记录方式成为记录的主流。在日本,运用数字化记录,第一次可以在地震发生的数分钟内,确定震源,并通过电视予以报道。(3)、(4)的记录方式是20世纪后半期的主流,进入21世纪,数字化记录方式已成为主流。

从近处发生的地震到地球反对面一万数千公里的地

方发生地震，从大地震到极微小地震，很难用一种地震仪来记录所有的地震。远方发生地震时只会有缓慢的震感，而在近处发生地震时则有急剧的震感，地震会产生各种各样的震动。因此，为了应对各种地震，各类地震仪就应运而生了。用数万倍的高倍率地震仪来测量 5 ~ 6 级的地震，记录就会产生饱和。对这样的地震，应该使用 1 ~ 数倍的低倍率坚实型强震仪。现在，数字化地震仪从低倍率到高倍率都被广泛使用，可以同时独立记录上下、东西、南北三方位震动的地震仪也已被广泛应用了。

现在除了在陆地上进行观测的地震仪外，人们正在开发能放在海底进行观测的“海底地震仪”。在海底安置地震仪，通过电缆把信号输送到地面，或者把地震仪和记录器合二为一，放在耐高压密封容器里，置于海底，经过一段时间的观测，再进行回收。

地震观测

为了合理有效地研究地震现象，需要在多个地方安置地震仪，并把各处记录到的数据集中起来进行分析。目前，日本气象厅、大学、防灾科技研究所等单位，都设置了地震台网或地震台，从事地震观测研究。日本总共有 6000 多个观测点。从各处收集来的数据最终汇总到气象厅，进行统一分析。一旦日本列岛发生地震，气象厅就会自动测算出震源所在地，并预报海啸发生的可能性，及时在电视上通告。随着数据的共享，研究人员可以使用这些数据来更好地从事研究活动。

当然数据交换不仅限于日本国内。地震波的到达时刻、振幅等数据会通过联合国教科文组织，传到国际地震学中心、美国地质调查所等。美国地质调查所会使用从世界各国自动发来的数据，测定所有被观测的地震的震源，并通报全世界。当然，全球的地震研究者可以自由地使用这些数据，这也有助于对地震的研究。

很多国家都把地震观测作为一个国际合作项目来实施。不仅在国内，还在南极大陆、非洲大陆、太平洋岛屿等地设置地震仪进行长期观测。中国的南极科学考察实验基地长城基地和日本的昭和基地都在进行地震观测，并提供宝贵的数据。

地震的类型

当某地发生一个较大的地震时，在震源区会紧跟着发生一系列小的地震，这叫做“余震”。一般余震至少要比主震低1级。余震持续的时间因各个地震而异。大地震的余震持续时间会更长一些，这是因为大地震的震源区比较大，在各处可能发生余震。

余震中震级最大的一次地震叫“最大余震”。往往在一次大震后，续发一系列余震，称为“主震—余震型”。大地震基本都属于这一类型，四川大地震也是这一类型。

主震前在同一震区有时会发生较小的地震，这叫做“前震”，稍大一点的地震后又会产生余震，所以这类地震系列叫“前震—主震—余震型”。前震，指在迄今没有出现地震的地方，突然发生小的地震，几小时或几天后紧接着发生大地震。所以，前震被看做是地震预报的途径之一。但是，一般在大地震发生后才知道有前震发生，因此仅靠实发的一两次小地震，很难预测是否有大地震。

在同一震区，相隔几个小时或在几天里发生两次同样量级的地震，就叫“双震”。有时会发生三到四次同样量级的地震，这种情况就叫“主震群”。

有时在同一区域，主震外又连续发生震级与主震相当的一系列地震，这类地震活动就叫“震群”。震群一般持续几小时到几天，持续几个月的情况也不少见。1425～1430年间，南京附近频发的地震就是震群。

地震分布

1975年到1994年间，世界各地发生的震源深度小于100公里的地震的特点如下：

（1）地震几乎都呈带状分布。

（2）地震带在环太平洋周围分布辽阔，像一个巨大的环。其他海域则成线状分布。

(3) 从意大利、希腊到喜马拉雅山一带也有很多地震分布。

(4) 总体上看,地球上有很多地方没有地震。

太平洋周围叫环太平洋地震带,地球上约有60% ~ 70%的地震发生在这里,其中有10%发生在日本列岛附近。

南太平洋、大西洋、印度洋中部也有地震带。经过海底勘察,发现这些大洋的地震带下面海岭绵延起伏。这些发现,在20世纪70年代发展成了板块理论。

非洲大陆东部有南北延伸的地震带。虽然没有像海洋域地震带那样线状分明,但是,有一个纵贯非洲的大地沟带,那里也有地震。

地震几乎都发生在地壳和地幔的最顶部,都是震源小于100公里的浅源地震。所有地震观测表明,最深震源为700多公里,再深的地方不会发生地震。这是因为从地表到地球内部约700公里的地方由于地球水平方向的构造不均质,岩体一受到挤压就容易变形,导致地震的发生。但是,越往深处地球内部水平方向的构造就越均匀,岩体不易受损。

由震源深度在100公里以上的地震分布可以看到:

(1) 震源在100公里以上的地震,只分布在地震带的限定区域内。

(2) 这样的区域大部分都在太平洋沿岸和印度洋东北部,有些靠近喜马拉雅山脉。

（3）除了太平洋沿海岸地区外，在震源小于100公里的地震分布带上几乎不发生深源地震。

深源地震在全球只分布于若干地区，在板块构造学说中，发生深源地震的地区被称作海沟。深源地震的发生，是由于板块潜入地球深处破坏岩体构造的均匀性，使岩体均质的结构发生变化，导致应变积累，到一定程度就发生地震。板块最多潜入到地球内部约700公里的地方，所以至今还没有观测到震源为900公里、1000公里的地震。

从全球规模来看，中国也处于地震带中。根据板块理论，印度板块在撞击欧亚大陆板块导致深源地震发生的同时，也会使西藏自治区、云南省、四川省、甘肃省等地积累应变并发生地震。此外，在潜入日本列岛西部下方的同时，以及受菲律宾海板块的影响，华南与东北地区也会发生地震。

地震发生方式

地震发生时不只是产生震动，地表还会发生如断层、地裂、悬崖塌陷、山崩等各种各样的变化。地表的各种变化总称为"地变"。我是从20世纪60年代前期开始从事地震研究的，到那时为止，都认为"地表断层是地震的结果"。断层是由大地震导致的，所以普遍认为地面受到大的震动就会产生错位。但是，地震学专家认为，断层是地质学和地形学研究领域内的现象，并不是地震学的本质。

但是，在20世纪60年代中期，日本地震研究者发现断层不是地震的结果，而是导致地震发生的原因。这一发现，使得“断层调查”成为地震预报研究的一个新项目。随着调查研究的深入，“活断层”一词开始被使用起来。阪神·淡路大地震的发生使“活断层”一词为日本人广为所知。在震源附近的断层叫做“野岛断层”，因为在震源区，所以这一“活断层”特别受到重视。野岛断层如图21所示，被完整地保留了下来，并对外开放，供参观。

图21　阪神·淡路大地震中的野岛断层

地震后原本笔直的道路和铁路会左右错,这样的例子曾有过很多报道。这些错位的地方就是断层。岩盘沿断层面作水平移动。

在日本,常有这样的说法:一是地震发生后,潮水没有退回来;二是海岸岩石面积扩大了。这是地震使地面隆起的缘故。同样,有些地方岩礁在地震后看不见了,这是由于地表下沉的缘故。像这样岩盘的抬升、下沉就是地表的“上下运动”。水平运动容易观察,但上下运动用我们的肉眼却很难看到。

地盘错位的原因和变化范围会影响到地下很深处。地下整个岩体发生大运动引起的结果就叫“地壳运动”。它与地表面附近发生的“地变”是有区别的。

地震频发的地区,地壳内部易于积累应变,所以地面经常会出现隆起、下沉、褶皱、伸缩的现象。而地震一发生,地壳运动就会引起大的变化,出现断层。断层不只出现在地表面,有时还会潜入地下很深处。有时特意把地表出现的部分叫做“地震断层”。大规模的地壳运动,尤其是上下移动发生在海底时,就会出现海啸。

活断层

地壳岩层因受力达到一定强度而发生破裂,并沿破裂面有上下、左右错位移动的构造称断层。我们将凸于地表的断层叫做地震断层。很多情况下，岩层上面有一层叫做“堆积层”的柔软地层，覆盖在地下断层上。但是，在隐伏断层上面的地表会出现龟裂和裂隙的现象。

断层不同于地面的裂隙，坚硬的地下岩层会明显断裂错开。断层在水平方向上错动面有时会延续几十公里。四川大地震的断层总长约300公里。

断层如图22所示，有走滑断层、正断层、逆断层之分。

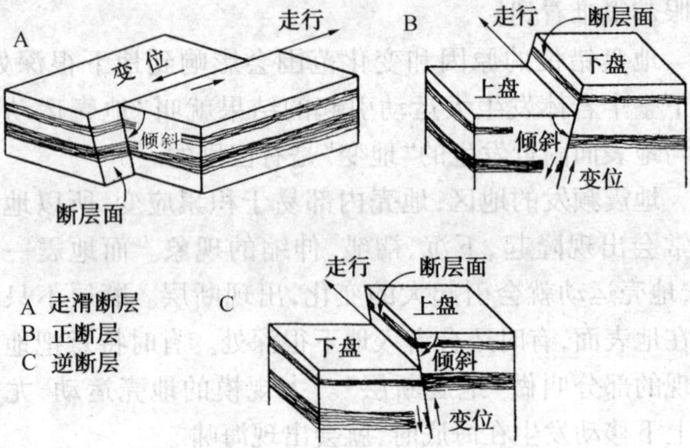

图22 地震断层的模型

如果它们的运动只在水平方向上，那么这断层叫走滑断层。若一个观察者站在断层的一侧，面向断层，另一边的岩块向他左方滑动，那它就叫左旋走滑断层；反之，则叫右旋走滑断层。

沿断层面作上升下降的相对运动，则是倾滑断层，分为正断层和逆断层。上盘相对下盘向下运动的倾滑断层是正断层。上盘相对下盘作向上运动的倾滑断层则称逆断层。事实上，每个断层运动几乎都包含着走向滑动和倾向滑动两种方式。

活断层是指近期地质时代反复活动过，极有可能在将来重新活动的断层。所谓的“最近地质时代”，是指距今约200万年以来的时期，叫做“第四纪”。因为，自地球形成以来，已经过了46亿年。第四纪在这46亿年的漫长岁月里已是距今很近的时期了。

因为距今很近，所以从地表环境开始很多地表变化的现象都被保留了下来，为了研究这些现象，研究者们成立了“第四纪学会”。断层活动使地形和地层产生系统的错位。断层不断活动，位移量就会不断积累，所以越是从古代就开始的断层活动，其位移量就越大。一般认为这种断层今后还会持续运动，从而引起地震，活断层这一概念就是这样形成的。

活断层按其活动程度可分成A、B、C三个等级。它们的定义如下：

活动程度	平均位移速度
A	每1000年1米以上10米以下
B	每1000年0.1米以上1米以下
C	每1000年0.1米以下

活断层对地震预测特别重要，地质学者认识到这一点后，就开始对断层机制进行深入的研究。日本列岛总共有2000多个活断层。目前，正对约100个活动断层带的复

发间隔进行观测研究。初步断定很多活动断层带的活动间隔一般为几百年到2000年左右。

海啸

地震除了会在陆地发生外，还会在海洋里发生。海底发生地震时，海底的岩层也会发生运动。也就是在海底发生地壳运动。有时海底会出现水平方向上几十公里到几百公里长的断层，有时断层甚至会超过1000公里。当海底断层为正断层和逆断层时，也就是上下盘出现几米的落差，就会发生海啸。2005年12月印度尼西亚海岸发生的海啸，给印度洋沿岸各地造成了巨大的灾害，死亡和失踪人数达到了30万以上。据推测，引起该次海啸的地震断层长达1000公里以上。此外，1960年智利海啸，使远离太平洋的夏威夷和日本都遭受了灾害。据推测，当时的断层长度为1200公里。

激发海啸的区域叫波源体。波源体和震源体几乎一致，大地震时有震源面积超过1000平方公里的情况。海啸从波源体传向四处，速度为每秒几十米到200米，相当于时速为200公里到800公里，相当于小型螺旋桨式飞机到高速喷气式飞机的飞行速度。

海啸周期一般为几分钟到几十分钟，以非常缓慢的波涛在海面上来回起伏。海啸到达海岸时，就会掀起狂涛骇浪，持续数小时。但是，刚开始的几次波浪不会很大，第一个浪也不一定是最大的。

在远洋上海啸浪高数米，但波长从几千米到几十千米，所以无法从船上确认海啸。随着靠近海岸，海啸的波峰就越高，在V字形港湾，浪高可达20～30米。

海啸的大小取决于地震的震级，但也受震源的深度和断层运动方向的影响。就算是7～8级的大地震，如果震源深度为100公里或200公里的话，断层就可能不会影响到海底，这样即使在海里发生地震也不会产生海啸。

海啸到达海岸的时间决定于震源（震源域）到海岸的距离，所以每次地震都不一样。震源虽然在远离陆地的海底，但震源域如果延伸到了海岸附近，那么地震发生几分钟后海啸就会紧接而来。台湾海峡发生的地震，在几十分钟内就达到中国大陆海岸，引发海啸。图23的渔船被海啸从海岸打到几百米远的岸上。

1960年智利海啸在地震发生22个小时后到达日本。除了这次地震外，在南美大陆沿岸的智利在1868年、1877年等海上发生的地震中，曾多次给日本带来海啸的灾难。

震级是根据地震的震动大小来决定的。但是震级小的地震有时也会产生海啸。这种地震就叫“海啸地震”。大地震时断层破裂运动，其破裂扩展速度约为每秒3公里。因此，长度为100公里的断层在几十秒内就可以形成。但对海啸地震，100公里断层的形成时间大约在十分钟左右。在这种相对缓慢的破裂运动下,地震波的产生会变弱,破坏面积(也就是地壳运动面积)就会增大。这种地震震动虽小,但也会发生大的海啸。

图23　停泊在海岸的渔船被海啸吹到岸上

近年来,发现使用应变仪、倾斜仪、重力仪等观测仪器可以观测到地震仪难以记录的长周期现象。它可以用断层经过几个小时缓慢破裂形成这一现象来解释。在这种现象中,虽然断层错位很大,但几乎不发生地震动和海啸。这种地震叫做"慢地震"。甚至还发现了断层的形成时间为一天左右的现象。这种现象又叫做"静地震"。

板块构造理论

在中国和日本发行的摩卡托投影世界地图是以太平洋和中国大陆为中心制作而成的。相反的，欧洲和美国的地图则是以0度经线和大西洋为中心制作而成的。以大西洋为中心制成的地图特别易读，可以看到非洲西海岸和南美东海岸的海岸线非常相似。德国气象学家魏格纳最早发现了这两个海岸线的相似性，他推测这两个海岸线之所以相似，可能是因为两个大陆在很早以前是一个大陆。如果这两个大陆真的是相连的，那么在它们连接的地方应该有共同的物质存在。按照这个设想，魏格纳通过查找以往的自然科学研究，整理总结了相似点，并于1912年发表。具体如下：

（1）找到相连地区两侧岩石相似的地质学证据。

（2）找到相连地区两侧具有同一生物化石的古生物学证据。

（3）找到两侧古生代末期在地形和地层中保留了冰河遗迹的地形学证据。

而且还发表了“大陆漂移说”，指出除了这两个大陆外，澳大利亚大陆、南极大陆、印度次大陆等原本是一个巨大的冈瓦纳大陆，后来发生了分裂和移动，才形成了现在的大陆分布。对魏格纳的大陆漂移说，有人赞成，也有人提出了异议，指出这两个海岸线并不相似，地质学和地形学上的证据只不过是一个偶然。

但是，大陆漂移说的一个最大的缺点就是，大陆漂移的驱动机制无法解决。1930年，魏格纳开始第四次格陵兰岛的探险，途中遇难了。随着他的去世，大陆漂移说到了20世纪40年代逐渐为人们所遗忘。

魏格纳的功绩在于提出了“大陆在地表水平移动”这一概念。在高山中发现鱼和贝壳等原本生活在大海里的生物化石，这一发现使人类知道大陆是垂直运动的。德国诗人歌德在阿尔卑斯山看到鱼化石后，也指出这个地方曾经是海底。但是，没有提出大陆是水平运动的。19世纪后半期，几个学者都指出了大陆是水平移动的，魏格纳就是大陆漂移说的集大成者。

20世纪60年代，随着海底扩张说和板块构造理论的发展，大陆漂移说又重新复活了。

从地球内部经由海岭喷出，在冷却的海底形成的巨大岩体叫做板块。板块从海岭处以每年数厘米的速度缓慢移动，最终在海沟处俯冲进入地球内部慢慢消失。大陆则随着板块在不断的移动。大陆漂移说没法解释使大陆分裂、漂移的驱动机制，而板块构造理论指出，分裂大陆的驱动力是从地球内部喷出形成海底的岩体，从喷出口把大陆左右分开。被分裂开的大陆随着板块这一传送带飘向几千公里外的地方。在现在大西洋中部海岭处结合的非洲大陆和南美大陆，就是在此被分裂后随板块运动而到达现今的位置。

板块构造理论能解释地面至地球内部700公里深度上在地表附近出现的地球科学的诸多现象，可以较好地说明地震的分布、深源地震及火山分布、海岭、海沟的分布等各种现象，还能用来解释促使地震发生的力源、地震反复发生的原因等。

但是板块构造理论尚不完整。板块间的边界分为以海岭为代表的拉张型边界、以海沟为代表的汇聚型边界和转换断层型边界三种类型。每一个板块肯定有拉张型边界和汇聚型边界。但是，南极洲板块的拉张型边界在南极大陆周围的环南极地震带处，只能找到1% ~2%的汇聚型边界。因此，南极洲板块在100万年间扩大了50万平方公里，比整个日本列岛38万平方公里的面积都大。为什么南极洲板块会变大，是怎样形成的？这些都还没有被详细解明。

导致日本列岛西部和中国的华北与东北地区发生地震的菲律宾海板块在这个问题上同样也得不到解释。菲律宾海板块的汇聚型边界沿着南海海沟（又叫骏河海沟）的凹地，俯冲到日本列岛底下，但找不到它的拉张型边界。

20世纪60年代，板块构造理论刚被提出时，首先将地球岩石圈分成六大板块，即太平洋板块、欧亚板块、南美洲板块、非洲板块、北美洲板块和南极洲板块。随着研究工作的进展，除了南极洲板块外，又有人进一步在大板块中划分出许多小板块。这些小板块叫做“Micro plate”。现在，有人指出地球岩石圈一共有十几个板块，板块还会进一步被细分。

板块构造理论在细节上尚有不少需要完善的地方，但从总体上来看，它可以说明许多地球表面的地学现象，不失为一个较好的“模型”。

小 知 识

紧急地震速报

鉴于实现地震预报还很遥远，日本政府采用这一措施作为地震对策之一。

地震波中的P波速度比S波快，但S波破坏力强，地震灾害主要是由S波产生的。由近震源处观测点的P波到时、振幅等数据，即时算出震源位置和震级，向S波尚未抵达的地点，通知其震动烈度及S波的到达时间，这就是紧急地震速报系统。利用大震动前的短暂时间，让居民抓住“黄金分秒”进行逃生，让机构及时采取关闭发电厂、刹停火车等对策，目的在于尽可能地减少损失。2007年，该措施开始被实施，并在不断改善，但是在大地震中，到底能起到多大的作用，还尚不明确。而且，对于直下型地震，从原理上来看根本起不到作用。

地震动预测图

日本政府通过对日本列岛整体的观测分析，发表了“地震动预测图”，对将来可能会发生的地震的震动进行预测。此图包括“概率性地震动预测图”和“特定震源断层的地震动预测图”两种。

概率性地震动预测图指出：“今后30年间，在各个地区发生大的震动的概率。”比如，地图上会标示“30年内，6级以上地震的发生概率为30%”。“30年内”、“30%”这样的表示，对于普通老百姓来说很难理解，但是在行政上，对于确立地震对策等却有很大的参考价值。

特定震源断层的地震动预测图，是指在研究以往地震活动（又称为长期评价）的基础上，根据研究结果，指出“某一特定断层活动引发地震后，在各地区产生的震动强度”的图。这个图对于设想自己所住地区会发生多大的地震，并在此情况下最多会产生多大的震动等很有帮助。

冈瓦纳

冈瓦纳是一个超大的古大陆，一般认为它形成于5.4亿年前，并在1.8亿年前开始分裂。对冈瓦纳大陆的研究始于20世纪初期。最初对海岸地形、地质、化石、漂砾岩等进行研究，并最终能大致确定现在的大陆分别在冈瓦纳大陆的位置。20世纪末以来，这类研究更为深入。特别是处于冈瓦纳大陆中心的南极大陆被平均厚度达2000米以上的冰层所覆盖。冰层下面的岩石都是构成冈瓦纳大陆的岩石，它们有不少凸现在冰层上面。因此，对非洲、印度半岛、马达加斯加岛、斯里兰卡、澳大利亚、新西兰等和南极大陆相连的地方都展开了详细的研究。

而且除了大陆的形状外，通过化石研究还可了解地球上的环境变化。至少在冈瓦纳大陆刚形成时地球是很寒冷的，并逐渐变暖。圆舌羊齿(Gangamopteris)和种子蕨类的舌羊齿(Glossopteris)等被埋在煤层下面的植物开始日渐茂盛，爬虫类诞生，进而四肢动物开始出现。其间温暖多湿的森林繁盛期、温暖的干燥期和多次寒冷期循环交替，迎来了恐龙的时代。

后记

2008年5月，中国四川发生的大地震惊动了世界，让很多人再次感受到了地震的巨大威力。看到电视和报纸上的报道，震源附近的房屋几乎都夷为了平地。20世纪70年代，中国的地震预报研究工作取得了可喜的成就，日本曾一度向中国学习和借鉴经验。对地震的几次成功预测，使中国在地震研究工作上把地震预测作为重点，欲通过预测来保护人民的生命和财产安全。其实，不管有没有预测，也不管有没有短临预报，地震一样会发生。所以，我们有必要采取一些基础的抗震对策，只有这样才能真正维护人民的生命和财产安全。

日本也是一个多震的国家，作为一名地震工作者，我想把日本国民在日常生活中采用的一些地震对策介绍到中国，为中国的抗震减灾工作尽一点绵薄之力。出于此目的，并在好友中国极地研究中心主任杨惠根博士的鼓励下，鄙人开始了本书的写作。在此，对杨惠根博士及负责出版本书的苏州大学出版社的吴培华先生和李寿春女士表示衷心的感谢。曾担任亚洲地震委员会主席的地震物理教授朱传镇先生担任了本书的校译工作并为本书作序，在此一并表示感谢。

神沼克伊

2009年2月20日